U0247587

美国麦金、米德与怀特事务所　著
吴家琦　译

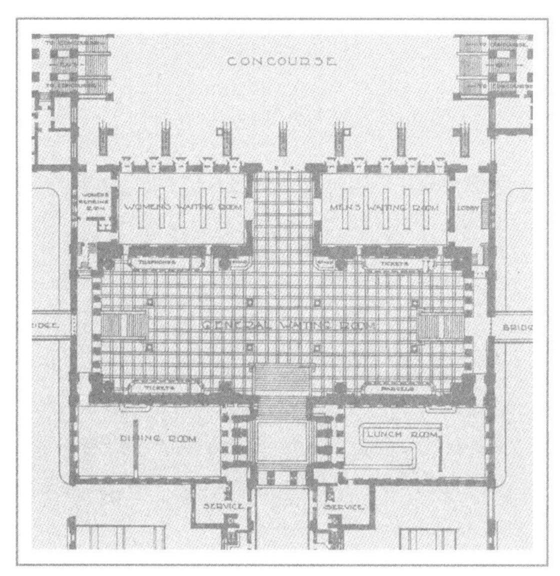

The Architecture of McKim, Mead & White in Photographs, Plans and Elevations

美国建筑设计的领跑者

麦金、米德与怀特事务所专辑

華中科技大學出版社
http://www.hustp.com
中国 · 武汉

图书在版编目（CIP）数据

美国建筑设计的领跑者：麦金、米德与怀特事务所专辑/ 美国麦金、米德与怀特事务所著；吴家琦译.
—武汉：华中科技大学出版社，2018.9

（建筑大师手绘与经典作品系列）

ISBN 978-7-5680-4077-8

Ⅰ. ① 美… Ⅱ. ① 美… ② 吴… Ⅲ. ① 建筑设计 – 作品集 – 美国 – 近代 Ⅳ. ① TU206

中国版本图书馆CIP数据核字（2018）第156303号

美国建筑设计的领跑者：麦金、米德与怀特事务所专辑

MEIGUO JIANZHU SHEJI DE LINGPAOZHE: MAIJIN, MIDE YU HUAITE SHIWUSUO ZHUANJI

美国麦金、米德与怀特事务所 著
吴家琦 译

出版发行：华中科技大学出版社（中国·武汉）
武汉市东湖新技术开发区华工科技园

电话：(027)81321913
邮编：430223

策划编辑：张淑梅
责任编辑：赵　萌

美术编辑：赵　娜
责任监印：秦　英

印　　刷：北京文昌阁彩色印刷有限责任公司
开　　本：787 mm × 1092 mm　1/16
印　　张：14
字　　数：202千字
版　　次：2018年9月 第1版 第1次印刷
定　　价：69.80 元

投稿邮箱：zhangsm@hustp.com
本书若有印装质量问题，请向出版社营销中心调换
全国免费服务热线：400-6679-118 竭诚为您服务

经典终归是经典：再读麦金、米德与怀特事务所专辑

（中文版序）

清华大学建筑学院在20世纪80年代恢复正常教学初期，一年级基础课程包括了下面两项基本训练：临摹赖特在瓦斯穆特（Wasmuth）出版社出版的手绘图集（《现代建筑的巨匠：赖特手绘建筑图集（1893—1909）》）的钢笔画和水墨渲染的塔司干柱式。当时的学生们有所不知的是，这恰恰是在20世纪初的十几年里全世界建筑教育领域流行的两种主要建筑思潮，一派是正在兴起的现代建筑运动，另一派是在法国风行百年的巴黎美术学院的教学体系，而中国的建筑教育也正是在这样的影响下逐步形成的。赖特以其作品和理论影响了一代欧洲现代派建筑师，为建筑艺术摆脱古典主义教条的束缚和铺张华丽的风气，重新回到人文主义轨道，做出了不可磨灭的贡献，而且他的才华也是通过瓦斯穆特这本书以及大量的作品为后人所认识。他的有机建筑理论和实践到今天仍然有着旺盛的生命力，东塔里埃森、西塔里埃森、流水别墅等杰作仍然影响着一代又一代的建筑师。与赖特风格形成强烈对比的是水墨渲染的题材和技巧，它让学生初步了解并且掌握巴黎美术学院那一套教学方法，而代表这一派的主要作品是巴黎歌剧院和美国波士顿公共图书馆这样的建筑，尤其是美国的麦金、米德与怀特事务所（McKim, Mead & White）这个有近百年历史的建筑师事务所，以及当时主持宾夕法尼亚建筑学院的克雷教授等，他们的作品见证了美国经济起飞的黄金时代（清华大学、协和医院、燕京大学都得益于那个时代）。在那个时代，新古典风格的建筑遍及美国各地，银行、大学、博物馆、图书馆和美术馆等都是这类建筑风格。它们也随着美国日益增长的影响力和文化自信，影响了欧洲和世界其他许多地方，比如清华大学的大礼堂便是一例。

《麦金、米德与怀特事务所专辑（1879—1915）》（*A Monograph of the Work of McKim, Mead & White 1879-1915*）是从1915年开始陆续出版的，我们现在看到的是于1920年汇集成为一册的。同时期还有一本影响力巨大的建筑专辑，赖特在瓦斯穆特出版社出版的作品集。这两本建筑专辑是差不多一百年前美国建筑艺术界最重要的两个出版物，也很可能是整个建筑界最重要的出版物。但是它们代表着截然不同的两个方向。一个是受到日本东方美学和北美大草原平民文化的影响，追求一种宛若天成的自然风格，赖特本人把自己的建筑风格称为有机建筑，让建筑看上去如同从地上生长出来的一样；

而麦金、米德与怀特事务所则是基于古罗马建筑、意大利的文艺复兴建筑，有时甚至严格按照帕拉第奥、维尼奥拉的金科玉律来打造现代“宫殿式”建筑，从市政厅、图书馆，到法院和博物馆。在一百年前的那个时间点上，前者代表着新的建筑思想的开始，后者代表着一种流派达到了顶峰。

今天，华中科技大学出版社出版了这两本书，让我们能够全面地了解它们的内容。除了这两本书的内容仍然具有学术价值之外，这次出版其实也弥补了我们近现代建筑教育历史资料的一项空白。之所以这么说，是因为我国老一代建筑学者在 20 世纪 30 年代学成回国创办建筑院校的时候，恰好赶上军阀混战和日本侵华战争，这些书从来都没有机会被系统地介绍到国内。等到第二次世界大战结束，又值国内政局不稳，直到改革开放之后，我们才又有机会再次向西方打开大门，但是，这些老的历史资料大多已经被淹没在浩如烟海的出版物中，被人遗忘。这两本具有里程碑意义的建筑书的出版，可以说好比文学界马克•吐温、约翰•斯坦贝克等人的文集出版一样，让我们能够从原作中了解当时的真实情况。除了考古价值外，这两本书所具有的高水平学术价值也将对今天以至未来中国的建筑艺术产生巨大影响，从中可看到什么是历久弥新的经典。

麦金、米德与怀特事务所从 19 世纪 70 年代创办一直运营到 1956 年解体，前后将近 90 年。在这些年里，该事务所承接了许多当时相当引人注目的项目：从哈佛大学到哥伦比亚大学的校园，从市政厅到各个城市里的博物馆、图书馆和银行，从银行家的海边别墅到大律师在纽约市里的住宅，几乎涵盖了所有建筑类型，而且它们的品质又是如此之高，以至于让美国建筑师和欧洲建筑师竞相效仿。麦金、米德与怀特事务所的作品彻底改变了欧洲建筑艺术历史学家对美国建筑艺术的偏见，让他们开始接受并承认美国的建筑艺术在麦金、米德与怀特事务所手里已经超过欧洲的水平。可以这样说，在文化上，相对于欧洲的文化来说，美国建立起自己的信心和品牌就是从以麦金、米德与怀特事务所为代表的这些建筑艺术开始的。今天，我们有机会再次看到麦金、米德与怀特事务所的专辑，它的确可以让我们一窥曾经的建筑艺术辉煌，感受老一辈建筑师的修养和技巧，领悟根植于生活、文化、精湛技艺的建筑艺术。

吴家琦

2018 年 6 月

英文版序

本专辑出版于 1915 年到 1920 年期间，内容为各种照片与图样，除了简短的图片说明，没有其他文字。麦金、米德与怀特事务所与弗兰克·劳埃德·赖特（Frank Lloyd Wright）几乎同时期由瓦斯穆特出版的两本书（在德国出版，意义重大）证明了美国建筑师更加成熟。该专辑与赖特的著作尽管方式迥异，但都影响了美国国内的建筑，也影响了国外的建筑。

美国各地的建筑师热情订购这本专辑，然后在自己家乡的图书馆、银行、商业建筑、大学与学校、纪念碑与塑像、公共建筑与私人住宅中重现专辑中的形式、细节与风格。当然，麦金、米德与怀特事务所的部分影响来自于它所设计建筑的第一手资料，有些则源自该事务所作为培训机构的重要角色。它的很多员工离开事务所，成立了自己的事务所来服务本地的客户，如魏登（W. H. Whidden）在俄勒冈州的波特兰市、路易斯·坎珀（Louis Kamper）在底特律市、佩奇·布朗（A. Page Brown）在旧金山市各自成立事务所，而其他的毕业生及其事务所对整个美国都产生了相当大的影响，如卡斯·吉尔伯特（Cass Gilbert）、亨利·贝肯（Henry Bacon）、卡雷尔与黑斯廷斯（Carrere & Hastings）、约克与索亚（York & Sawyer）。他们与其他许多人参与了“美国文艺复兴运动”（American Renaissance），而这场运动本来就诞生于艺术家的工作室与建筑师的事务所中。该专辑刊登了大量的建筑作品，使得从亚特兰大到檀香山的建筑师都能接触到美国新古典主义的实例。

该专辑在国外也影响深远，时至今日，人们仍能以不同的新方式从中受益。早在 1891 年，英国建筑师与诗人罗伯特·科尔（Robert Kerr）就批判了詹姆斯·弗格森（James Fergusson）1862 年发表的关于美国建筑的轻慢言辞，并声称美国建筑的“守旧特点……平淡乏味……已经彻底改变了”。科尔对美国建筑的新看法源自对美国建筑师亨利·霍布森·理查森（Henry Hobson Richardson）的欣赏和对新古典主义风格的钟爱。而这种新古典主义风格是最初开始呈现在麦迪逊广场花园、维拉德住宅（Villard House）与波士顿公共图书馆等作品中的。到 1910 年，英国建筑师和教育家查尔斯·赖利（Charles Reilly）拜访了纽约、华盛顿等地，考察了该事务所及其同时代事务所的新古典主义作品，之后他指出“美国已取得领先优势”，并“创建了一种建筑”，而这种建筑是“有意识的后继者，就如同我们的一样，我们希望它还没有意识到那些 2000 年前在希腊诞生的形式和观念”。赖利随后撰写了一本专门介绍该事务所的书。在英国以及其海外殖民地，处处都存在着一些建筑物或者细节，从中可一窥该专辑对设计者的影响。甚至在遥远的地方，诸如莫斯科和东京等城市，那里的项目也表明本书广为人知。就像塞利奥、帕拉第奥、勒塔罗利勒（Paul Marie Letarouilly）、柯布西耶和赖特等人的最有影响力的著作那样，该专辑的确改变了建筑世界。

专辑中选取的内容反映了事务所对“美国文艺复兴运动”的认可和对“美国文艺复兴运动”的历史观点，因为专辑是在这家事务所的办公室中到 1914 年逐渐成形的，当时建筑图书出版社向事务所合伙人提出计划出版他们事务所作品专辑的想法。那时米德已基本隐退，不出意料新合伙人倾向于选择那些强化流行方向的设计。这些建筑重申了“美国文艺复兴运动”这个盛行概念：相信美国的艺术与文化正经历一次重生，而且这种重生类似于 15 世纪席卷欧洲并导致发现新大陆的文艺复兴运动。美国殖民建筑风格大厦毕竟是 15 世纪 20 年代佛罗伦萨所建造建筑的延续。在这家事务所看来，1830 到 1880 年间，艺术与文化陷入了无序状态，这一“噩梦”因 19 世纪八九十年代古典主义的再度流行才结束。从 1914 至 1920 年这段时间来看，古典主义似乎拥有光辉灿烂的未来。在芝加哥举办的 1893 年世界哥伦布纪念博览会牢固确立了“美国文艺复兴运动”的地位，而在旧金山举办的巴拿马—太平洋博览会则表明它一直占据着统治地位。

事务所给入选专辑的建筑绘制了新的平面、立面与剖面图。作为一个特色，装饰物、装饰线条与细节的大比例尺图样被收录进来。几乎为所有的建筑拍摄了新照片，结果像波士顿公共图书馆等建筑前出现了汽车，而这些建筑在汽车出现很多年前就已经落成了。仅仅少数诸如新港俱乐部、纳拉干塞特码头俱乐部和奥斯本住宅等早期作品使用了原始的早期照片，但即使是这些建筑，也都绘制了新的图样。

有些早期建筑很重要，比如俱乐部与纽约查尔斯·蒂法尼大厦（Charles L.Tiffany Mansion），这意味着它们不能被忽视。然而，重头戏是 19 世纪 90 年代与更晚的古典主义设计和作品。一些整页插图是关于 1900 年以后完工的建筑的。善于观察的读者也许会注意到，早期的奥斯本住宅（Osborn House）所使用的表面粗糙的石头与更柔和的埃德加住宅（Edgar House）有巨大差异，但是专辑中没有提到从 1879 年到 19 世纪 80 年代早期建造的但现已消失的上百个甚至更多的瓦板建筑，而这家事务所最初树立名声靠的就是这些建筑。如同后来的学生所展现的，事务所的风格在早期经历了明确的转变，从位于新港市与新泽西州埃尔贝伦市的瓦板住宅的古雅的安妮女王与现代殖民风格，到奥斯本与埃德加住宅的更加稳定统一的建筑形式，最后到 19 世纪 80 年代后期的古典主义的建筑表达。带有中世纪意象的实验性项目，如位于斯托克布里奇市的圣保罗教堂与莫里斯敦市的圣彼得教堂，也出现在专辑中；这些以及其他早期作品，比如在怀南斯与惠蒂尔住宅中对弗朗索瓦一世风格的实验项目，都表明该事务所在探索美国建筑与文明的恰如其分表达的过程中陷入了所谓的“风格之战”。从很多方面看，古典主义赢得了这场风格之战。它是从很多风格碎片中切下来的；罗马、佛罗伦萨与威尼斯的文艺复兴、法国 18 世纪、英国乔治王时期、美国殖民风格与其他风格都帮这种现代美国文艺复兴打开了世界。

理查德·盖伊·威尔逊（Richard Guy Wilson）

目　录

第一章

1881 年至 1890 年建筑设计作品

罗得岛新港俱乐部

内院

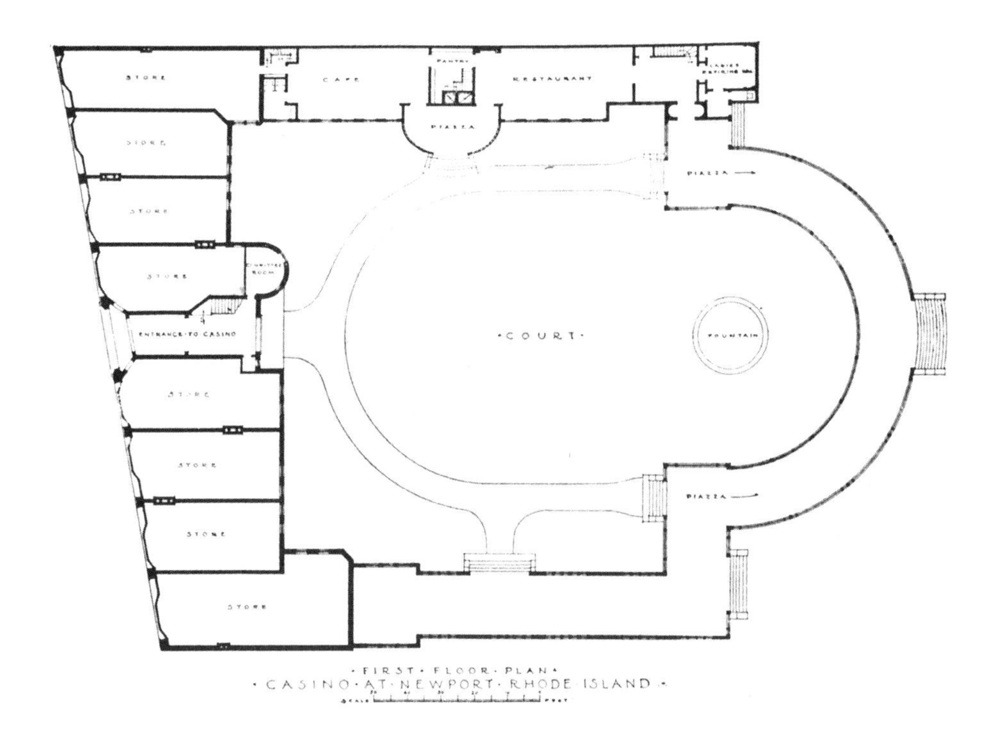

一层平面图

罗得岛州新港市 1881 年

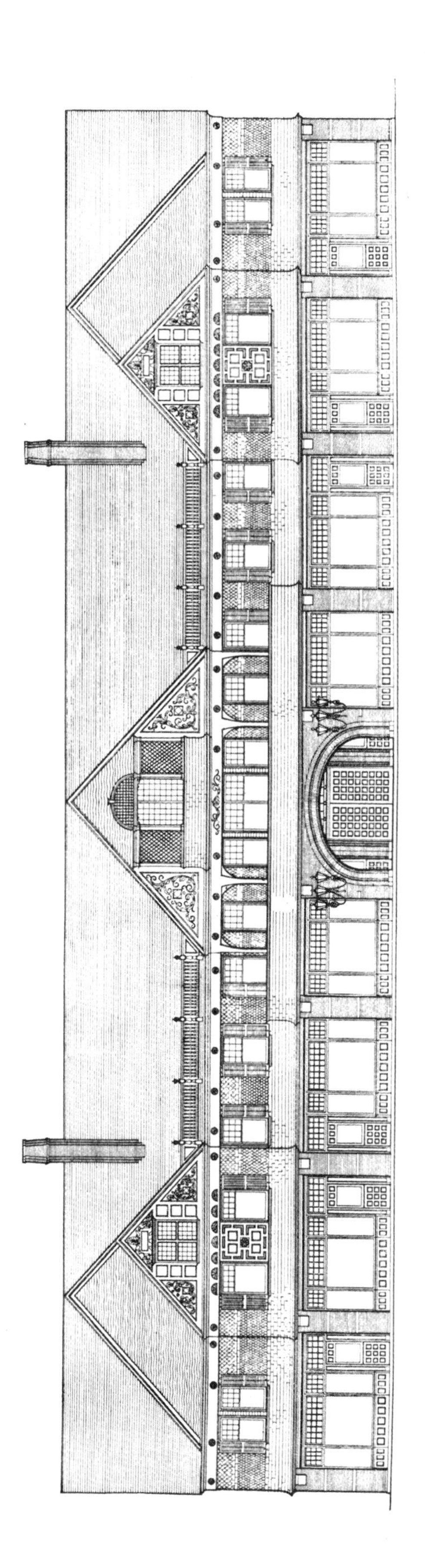

正立面图

罗斯·怀南斯（Ross Winans）住宅

全景

入口细节

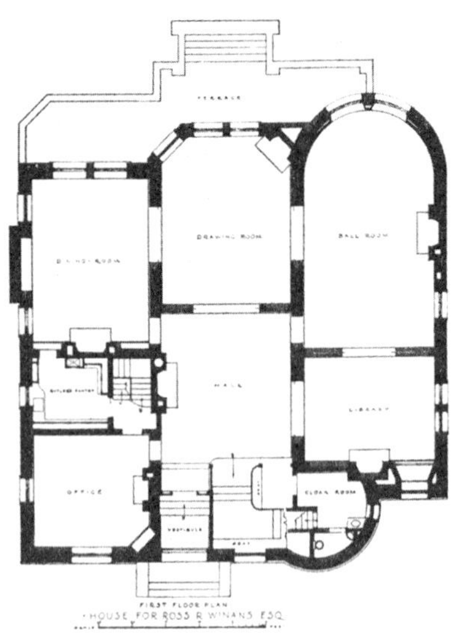

一层平面图

马里兰州巴尔的摩市　1882 年

惠蒂尔（C. A. Whittier）住宅

正立面图

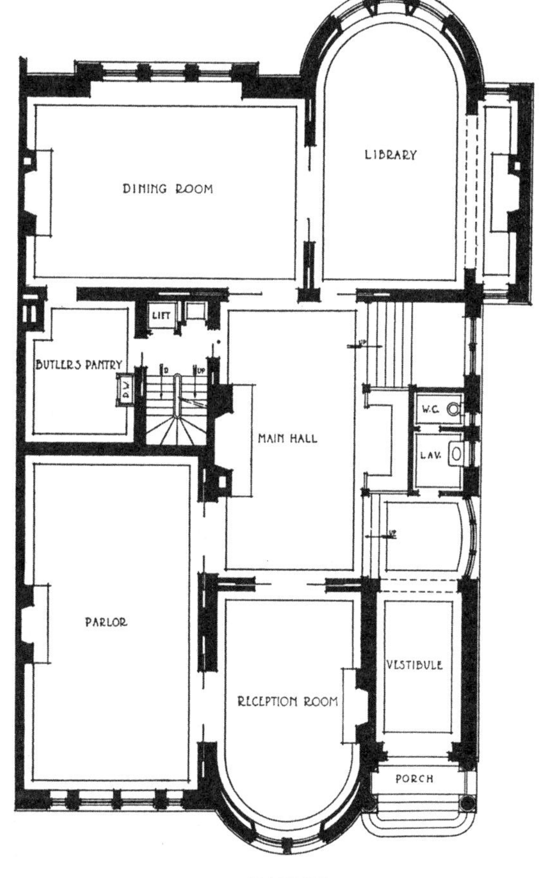

一层平面图

马萨诸塞州波士顿　1883 年

圣保罗教堂

立面图

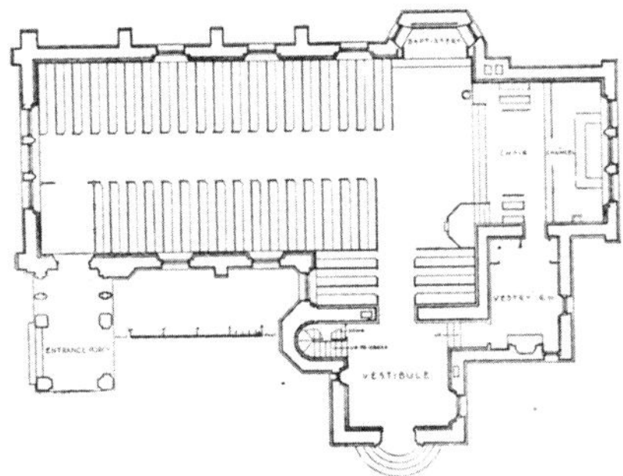

一层平面图

全景

马萨诸塞州斯托克布里奇　1883 年

查尔斯·蒂法尼（Charles L. Tiffany）大厦

全景
纽约 1884 年

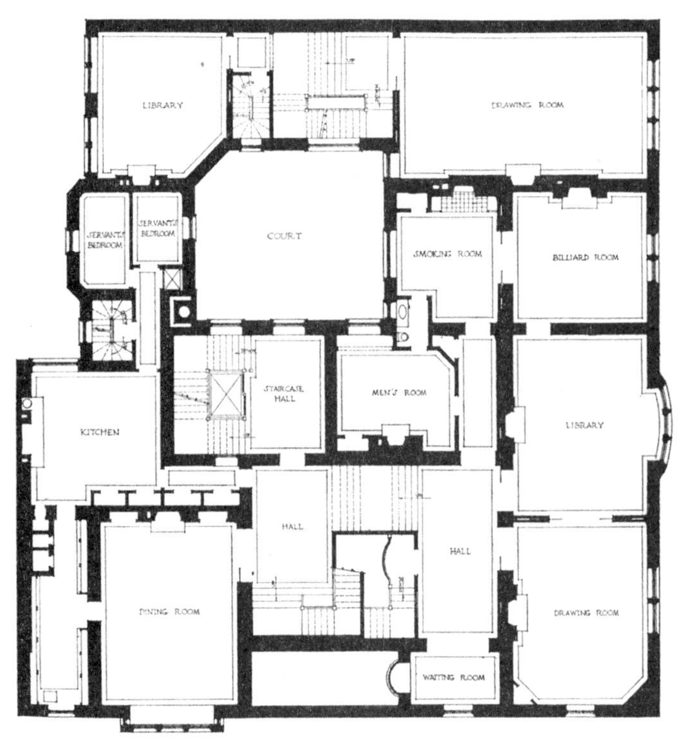
LIBRARY
DRAWING ROOM
COURT
SERVANTS' BEDROOM
SERVANTS' BEDROOM
SMOKING ROOM
BILLIARD ROOM
STAIRCASE HALL
MEN'S ROOM
KITCHEN
LIBRARY
HALL
HALL
DINING ROOM
DRAWING ROOM
WAITING ROOM
FIRST FLOOR PLAN

一层平面图

FRONT ELEVATION

正立面图

罗得岛纳拉干塞特码头俱乐部

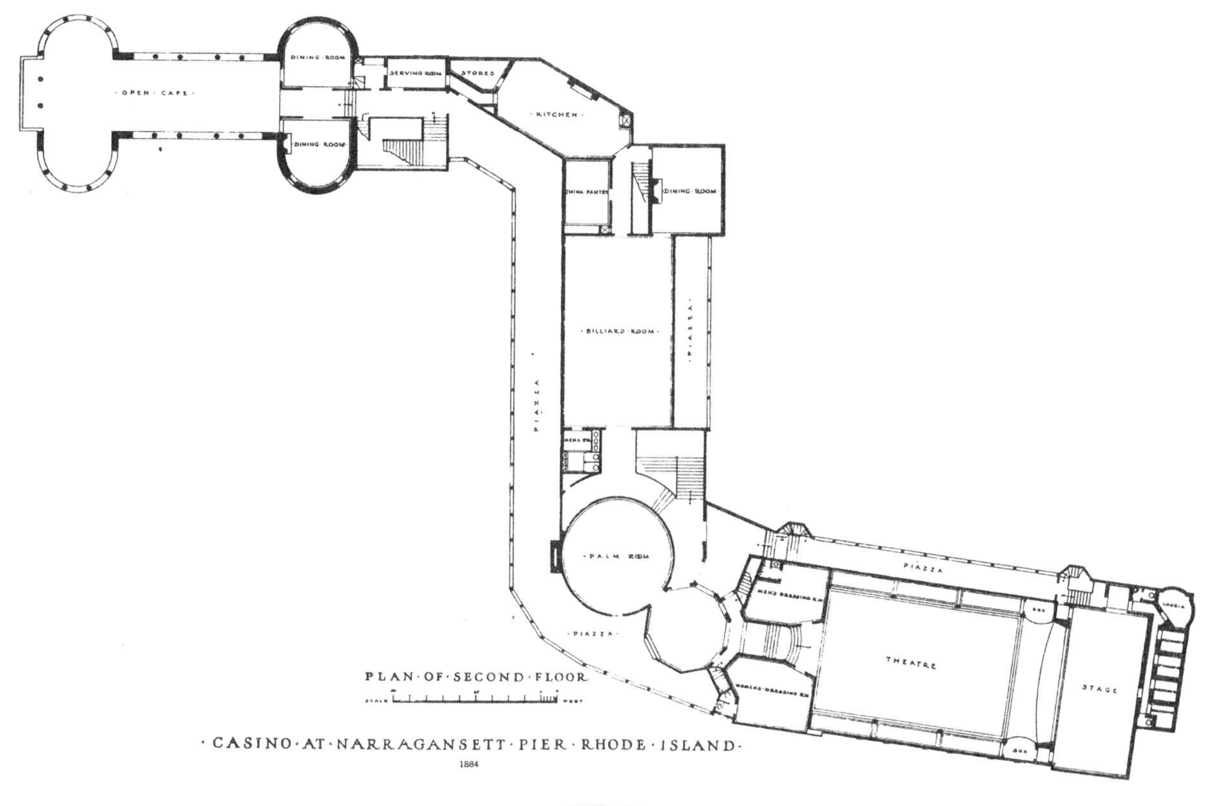

二层平面图

南侧外观

西侧外观

罗得岛纳拉干塞特码头　1884 年

亨利·维拉德（Henry Villard）住宅

西立面图

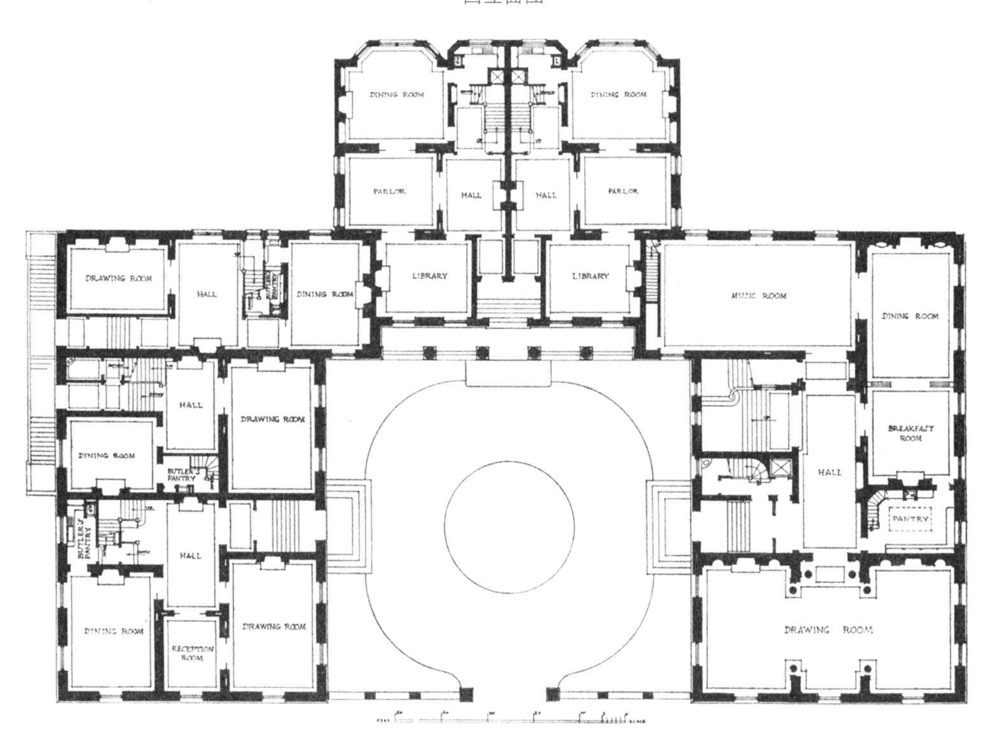

一层平面图

纽约 1885 年

麦迪逊大街一侧立面

入口大门

门厅壁炉

餐厅门

壁炉上方的弧形壁饰

门厅

DONA PRÆSENTIS LETVS HORAE AC LINQVE SEVERA

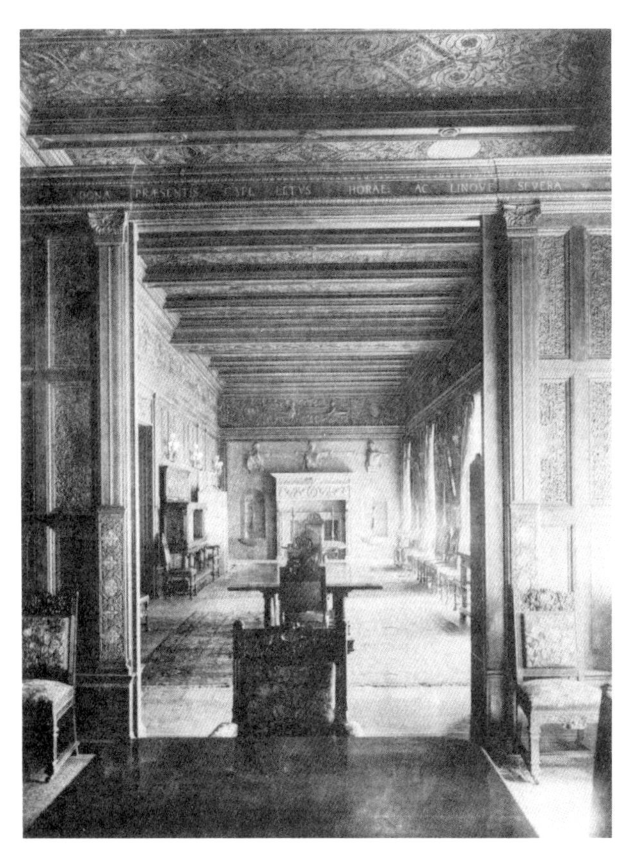

餐厅

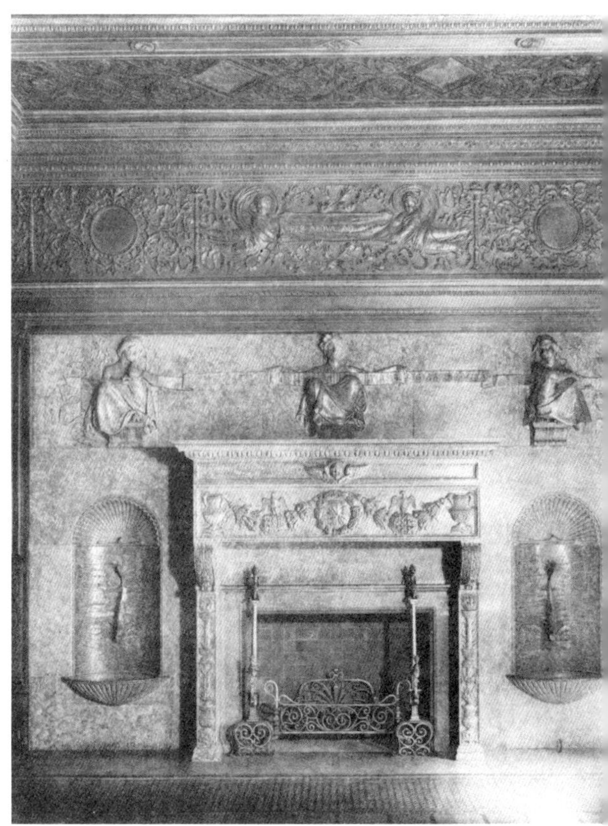

餐厅壁炉

查尔斯·奥斯本（Charles J. Osborn）住宅

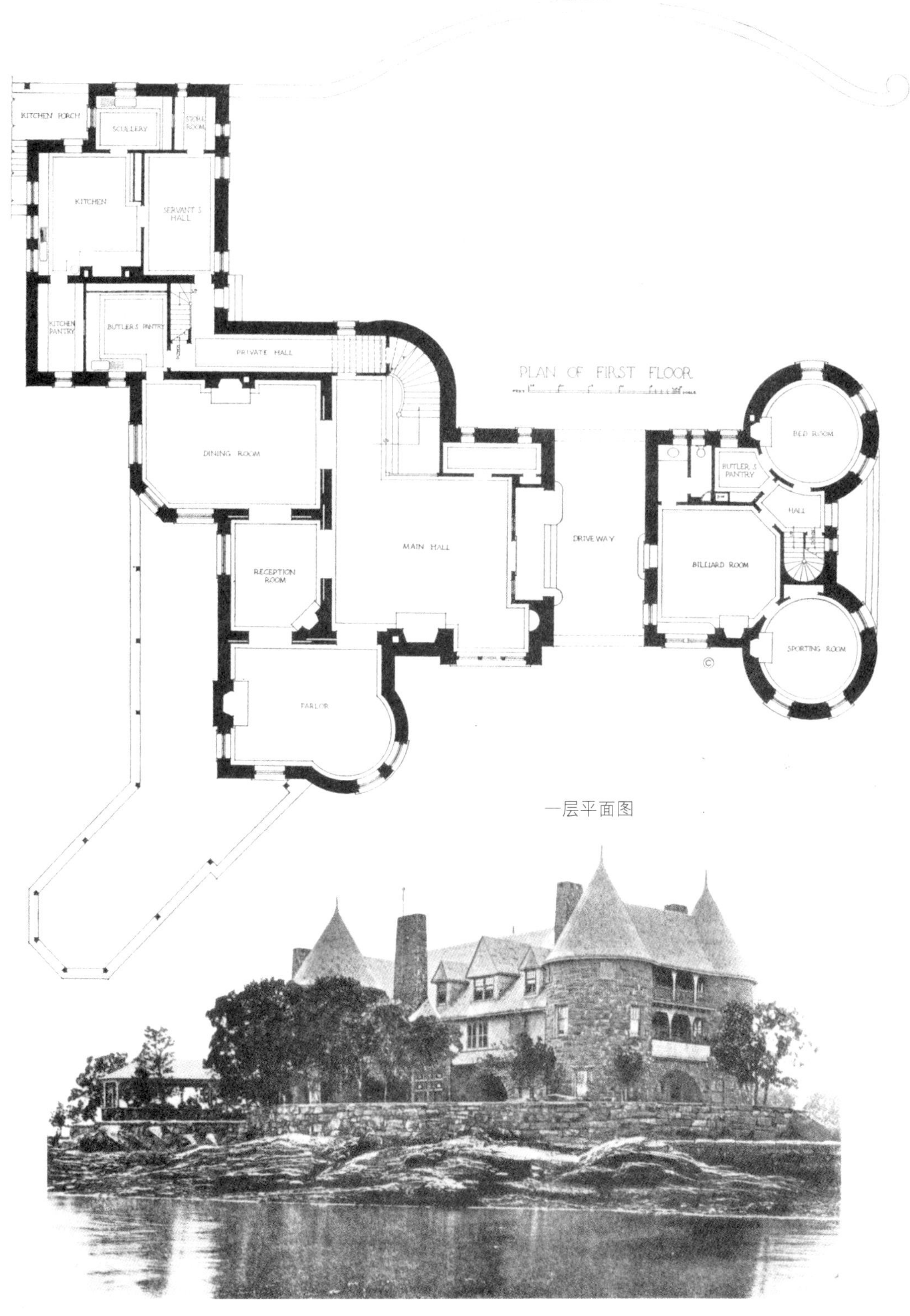

一层平面图

全景

纽约州马马罗内克　1885 年

查尔斯·奥斯本住宅的马厩

纽约州马马罗内克　1885 年

威廉·埃德加（Mrs. William Edgar）住宅

罗得岛新港　1886 年

泰勒（H. A. C. Taylor）住宅（新港）

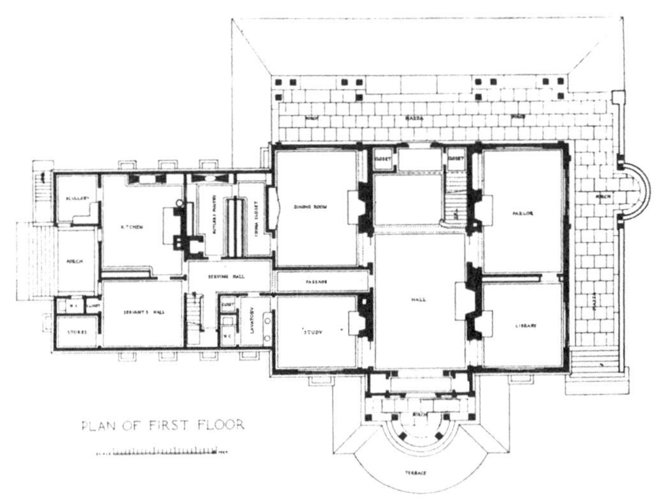

一层平面图

罗得岛新港　1886 年

约翰 • 安德鲁斯（John F. Andrews）住宅

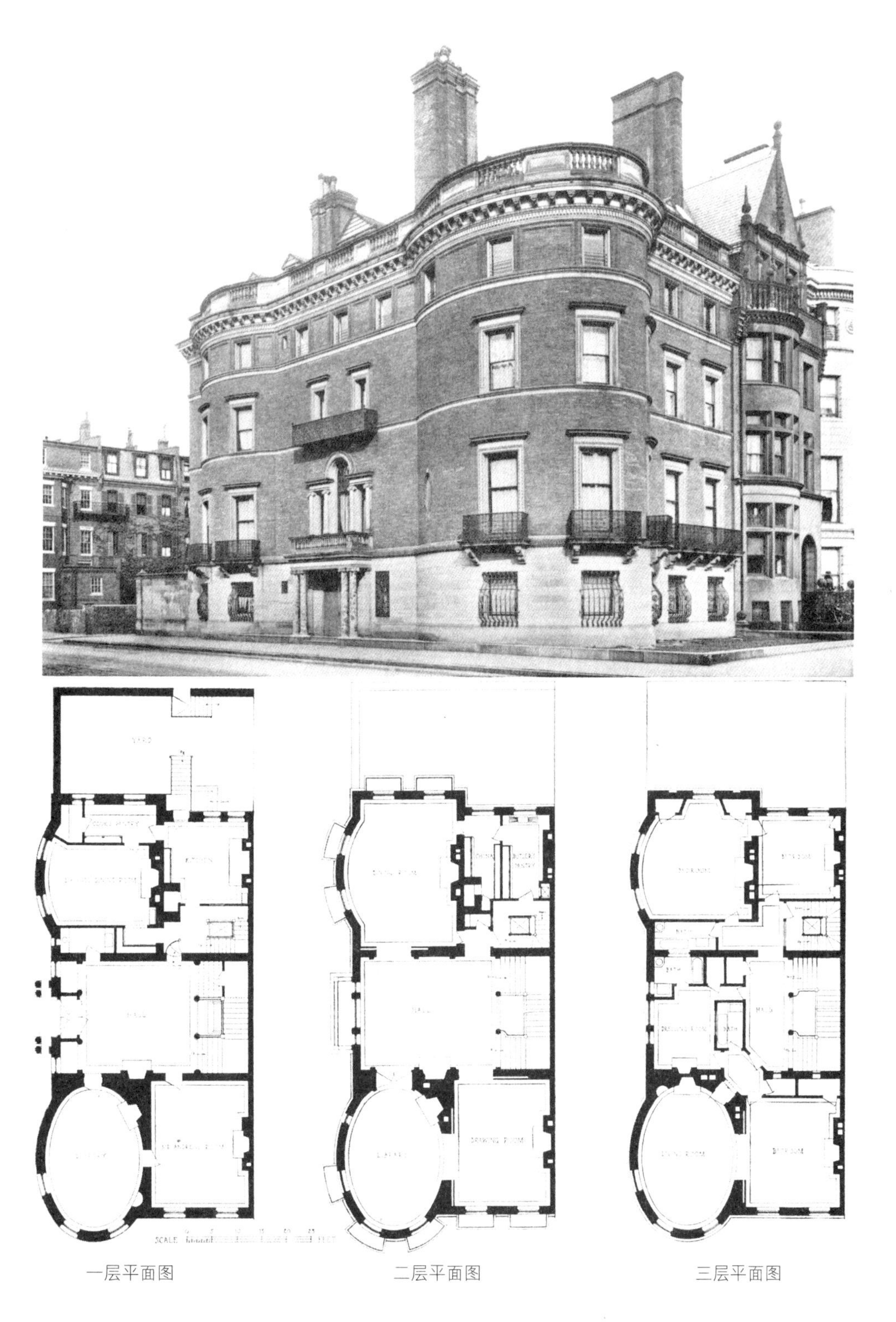

一层平面图　　二层平面图　　三层平面图

马萨诸塞州波士顿　1886 年

哈佛大学约翰斯顿门

立面图和平面图

马萨诸塞州坎布里奇　1890 年

纽约人寿保险公司大楼

立面图

密苏里州堪萨斯城　1890 年

圣彼得教堂

圣坛和唱诗班席围栏

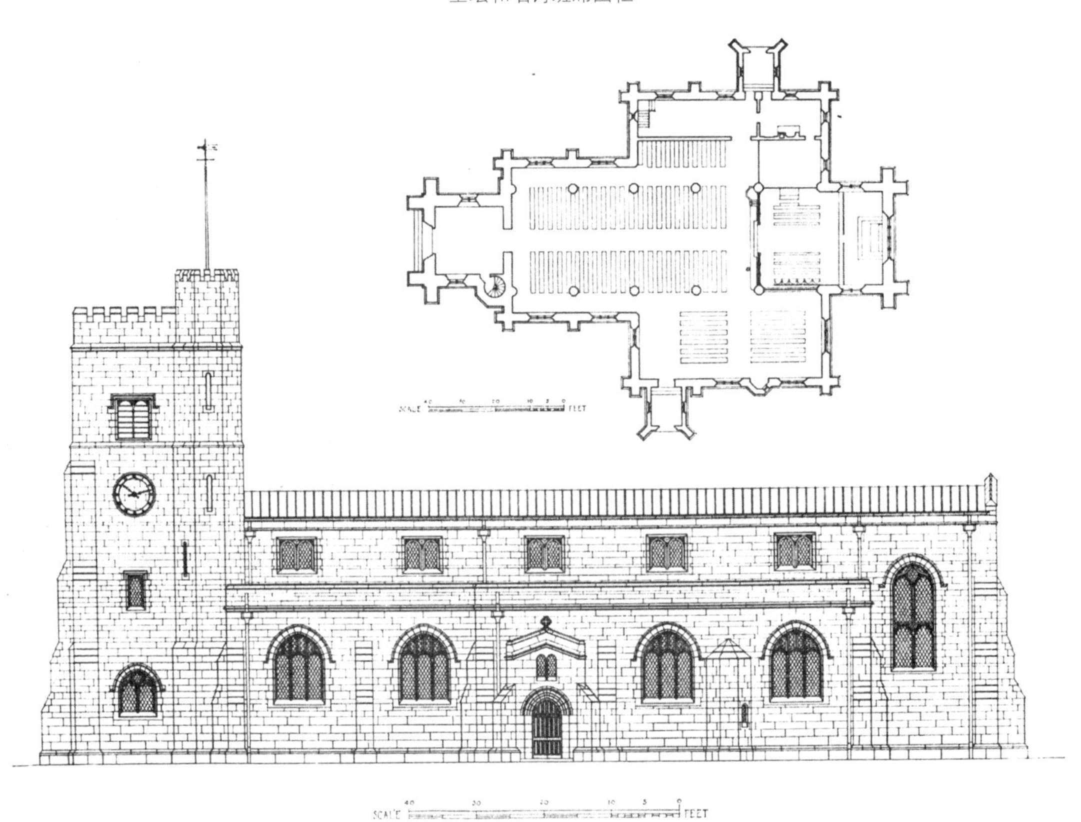

最初方案的平面图和立面图
新泽西州莫里斯敦　1890 年

第二章

1891 年至 1895 年建筑设计作品

日耳曼敦板球俱乐部

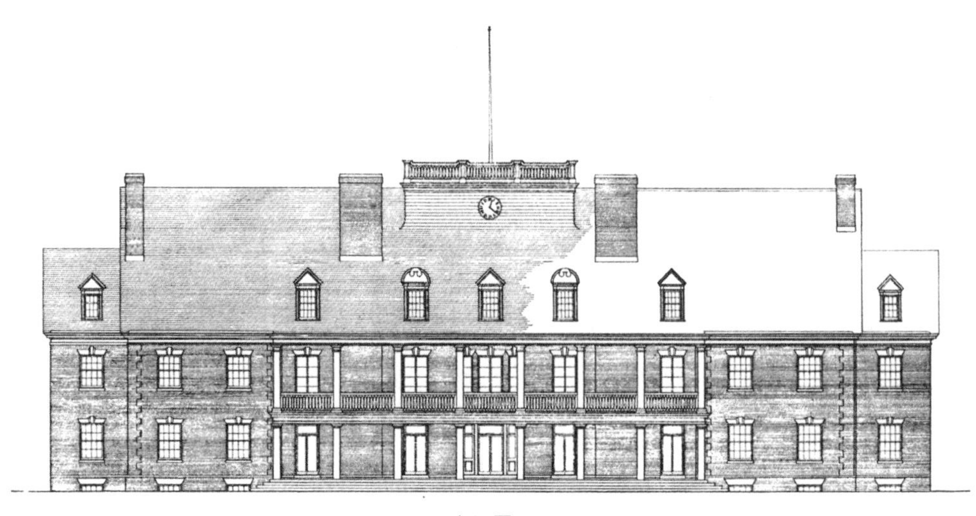

立面图

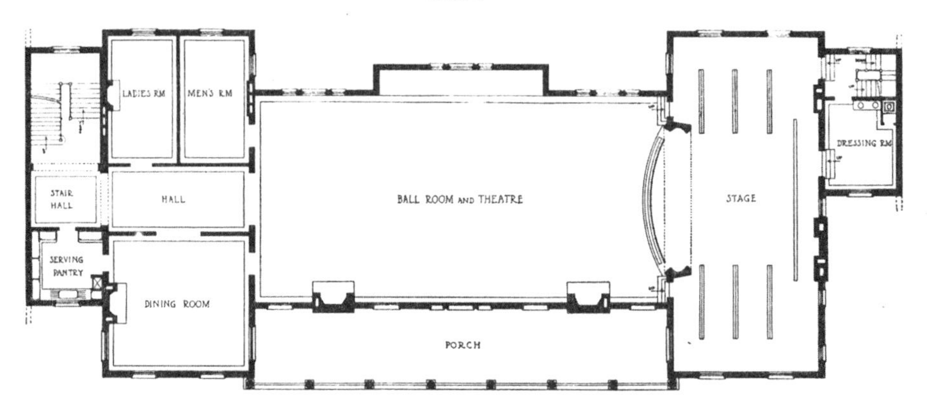

二层平面图

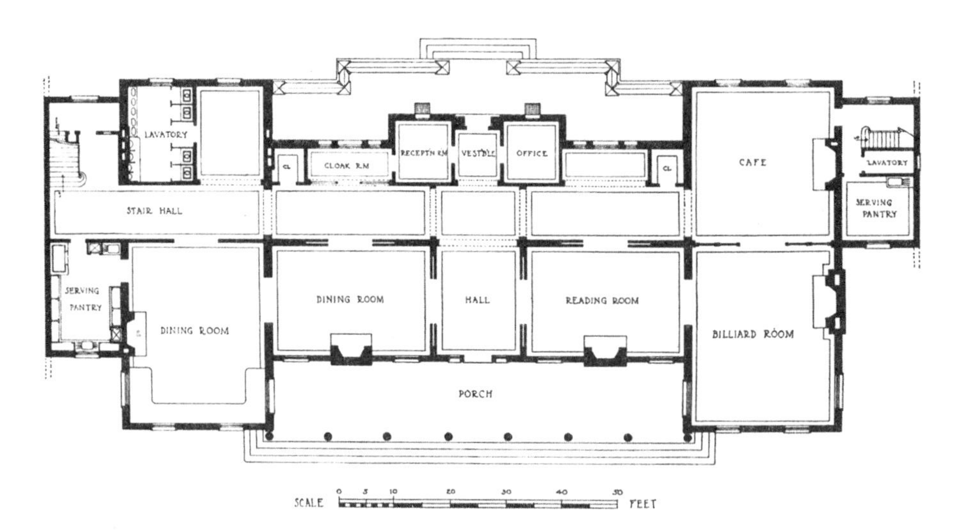

一层平面图

宾夕法尼亚州费城 1891 年

球场一侧立面

世纪俱乐部

纽约　1891 年

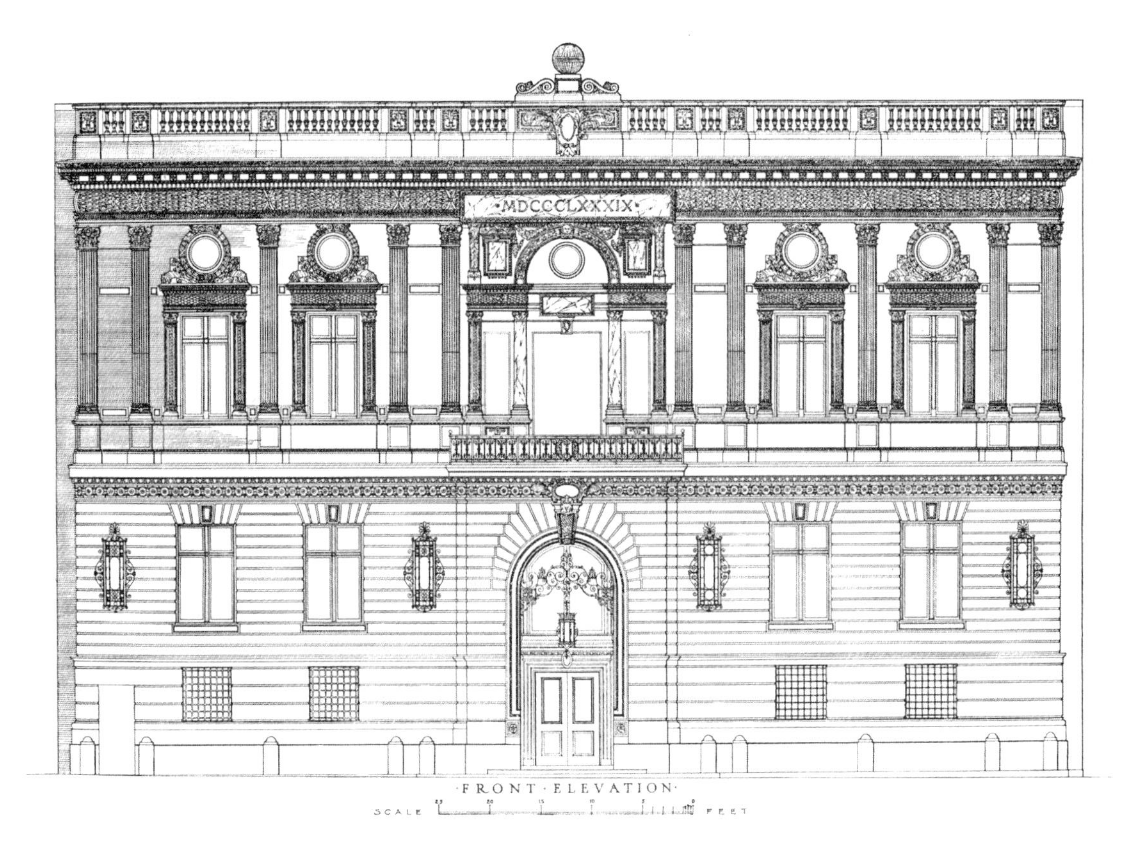

正立面图

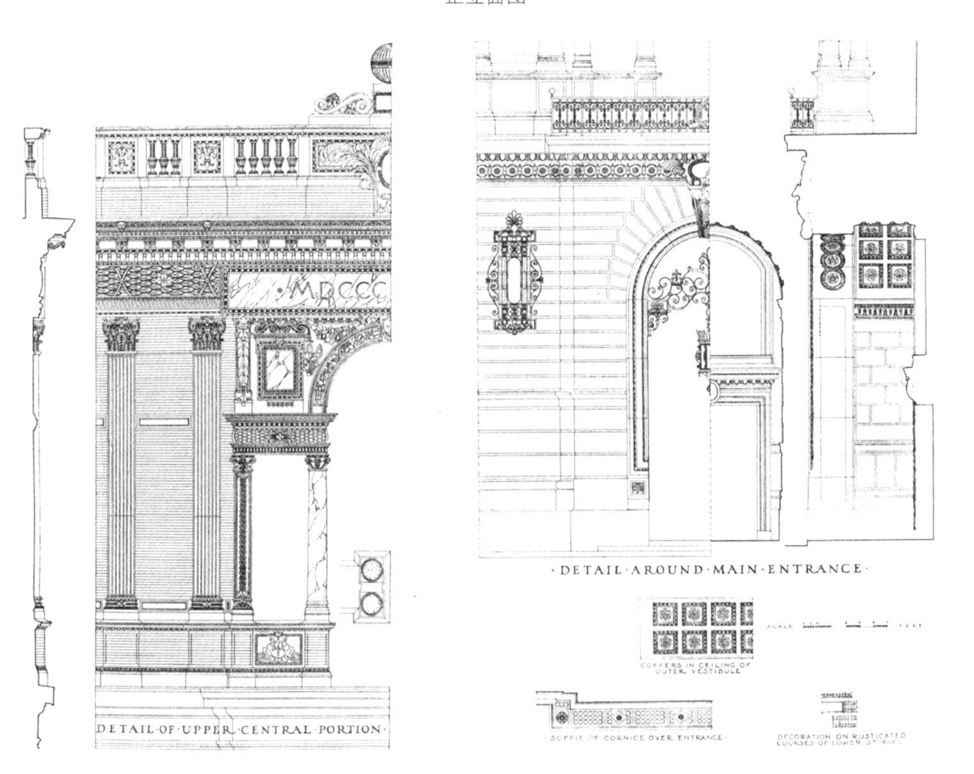

上部中心部分详图

主入口详图

麦迪逊广场花园

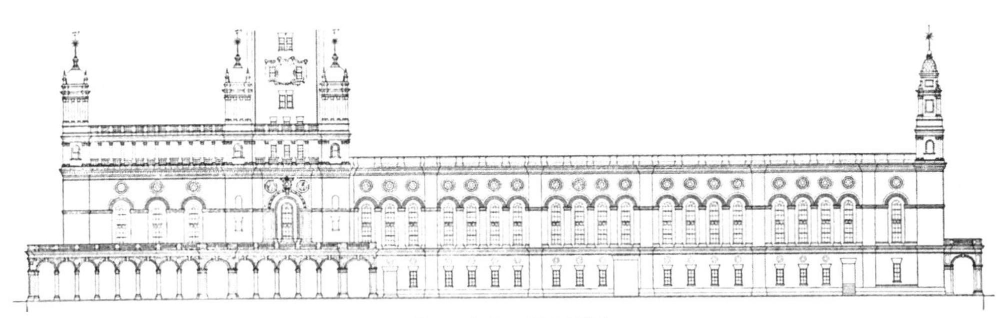

第 26 大街一侧立面图

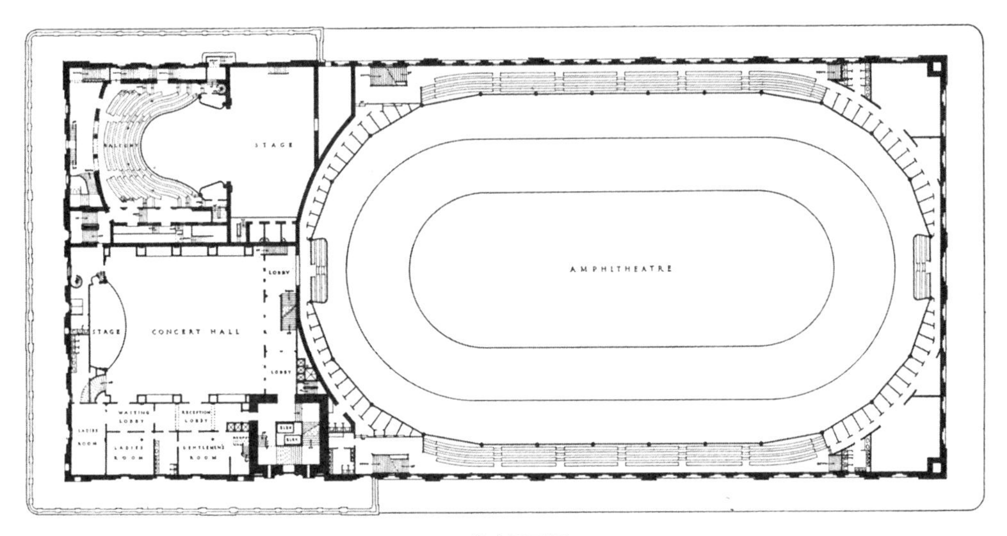

楼座平面图

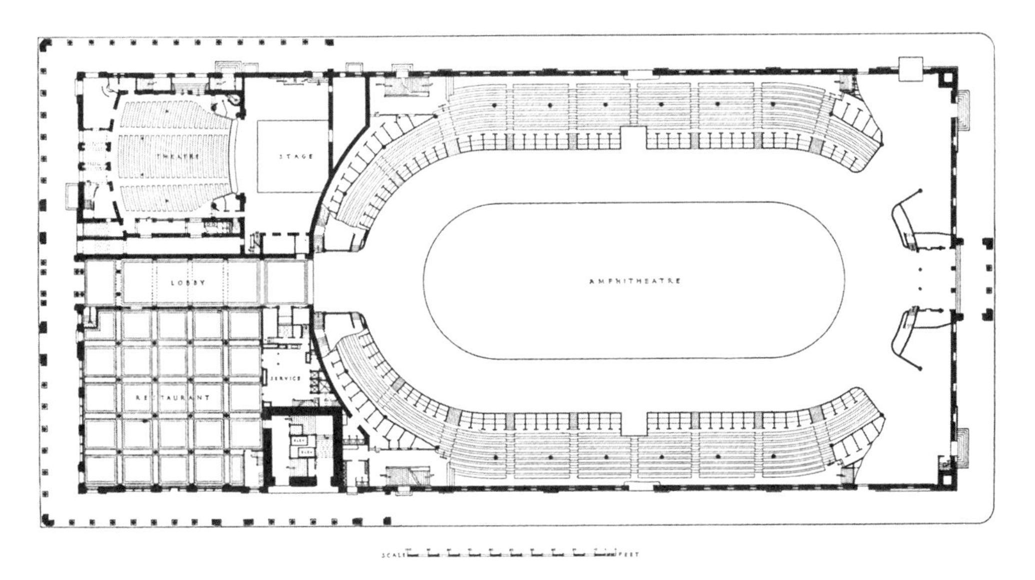

一层平面图
纽约 1891 年

麦迪逊广场西南角

麦迪逊大街一侧立面

麦迪逊大街一侧入口的中心装饰

主入口拱廊

底部拱廊的赤陶细节

塔楼的上部

屋顶花园柱廊

塔楼的赤陶和烧砖细节

摩根（E. D. Morgan）住宅

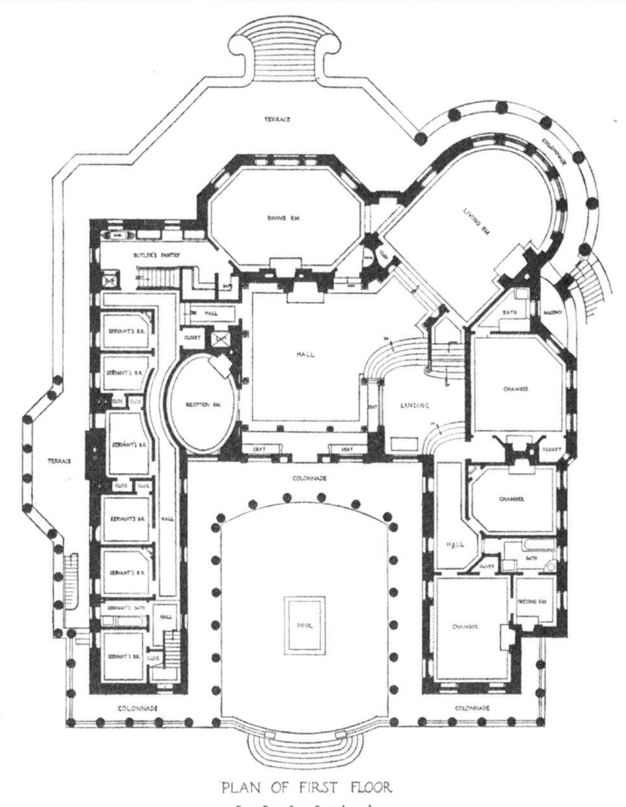

一层平面图

罗得岛州新港市 1891 年

华盛顿广场拱门

北立面图

剖面

纽约　1892 年

世界哥伦布纪念博览会文化建筑

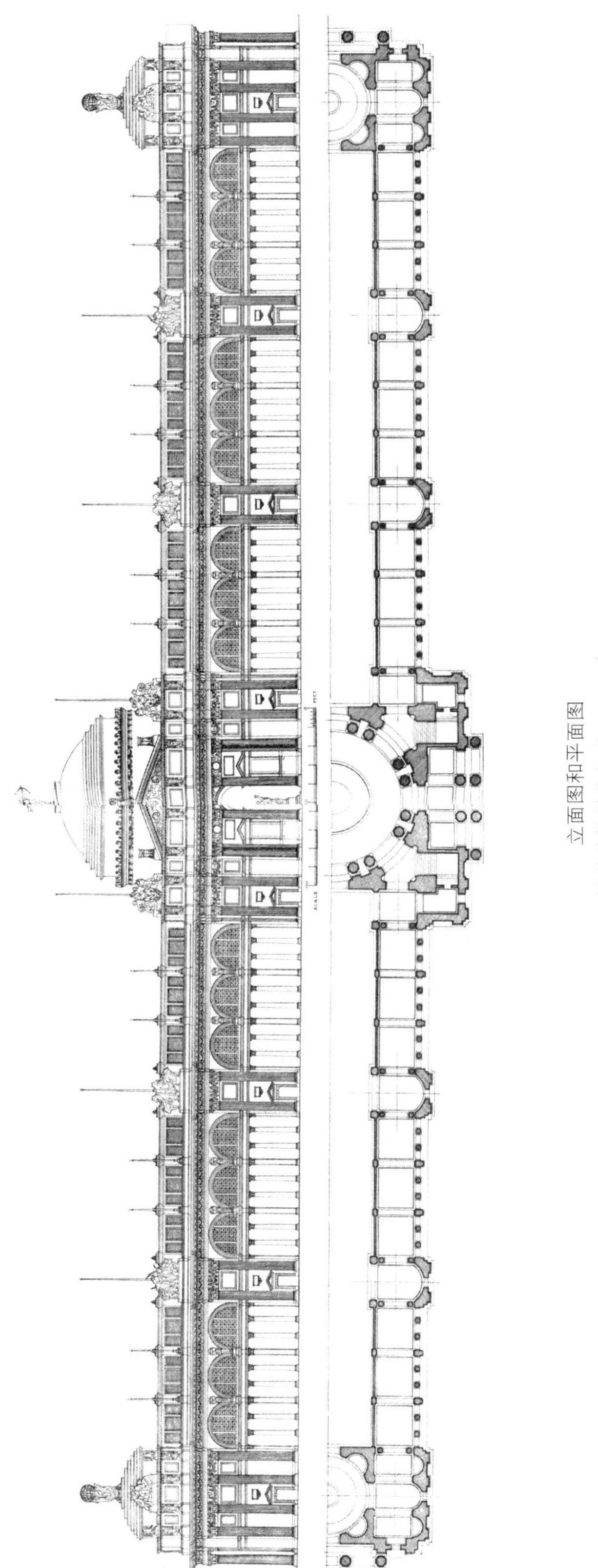

立面图和平面图
伊利诺伊州芝加哥 1893 年

世界哥伦布纪念博览会纽约州大楼

立面图

伊利诺伊州芝加哥　1893 年

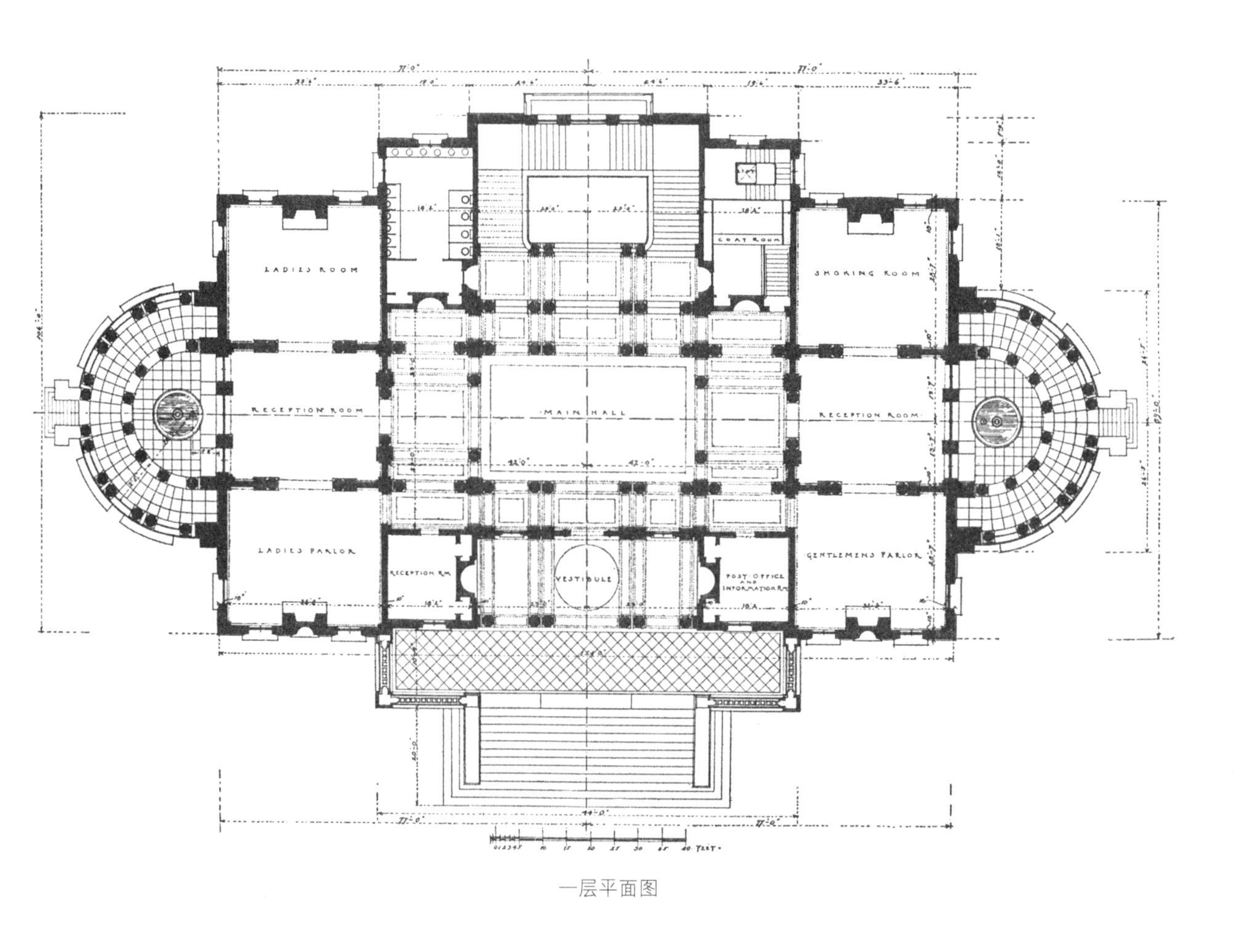

一层平面图

鲍登学院沃克艺术楼

缅因州不伦瑞克　1893 年

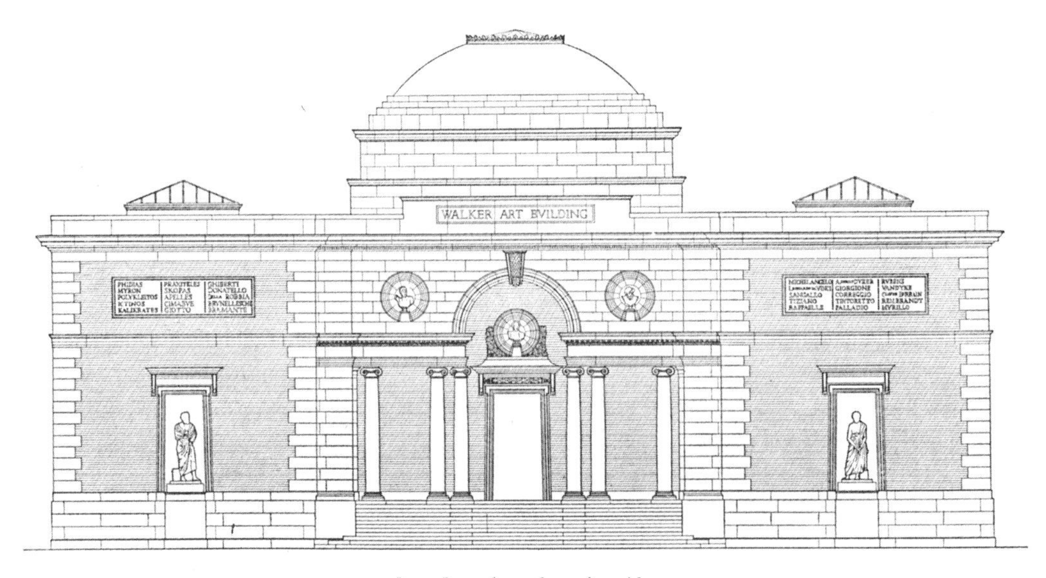
WALKER ART BVILDING
PHIDIAS
MYRON
POLYKLEITOS
KALIKRATES
PRAXITELES
SKOPAS
APELLES
CIMABVE
GIOTTO
GHIBERTI
DONATELLO
BRVNELLESCHI
BRAMANTE
MICHELANGELO
SANGALLO
TIZIANO
RAFFAELLE
GIORGIONE
CORREGGIO
TINTORETTO
PALLADIO
RVBENS
VANDYKE
REMBRANDT
MVRILLO
SCALE
FEET

立面图

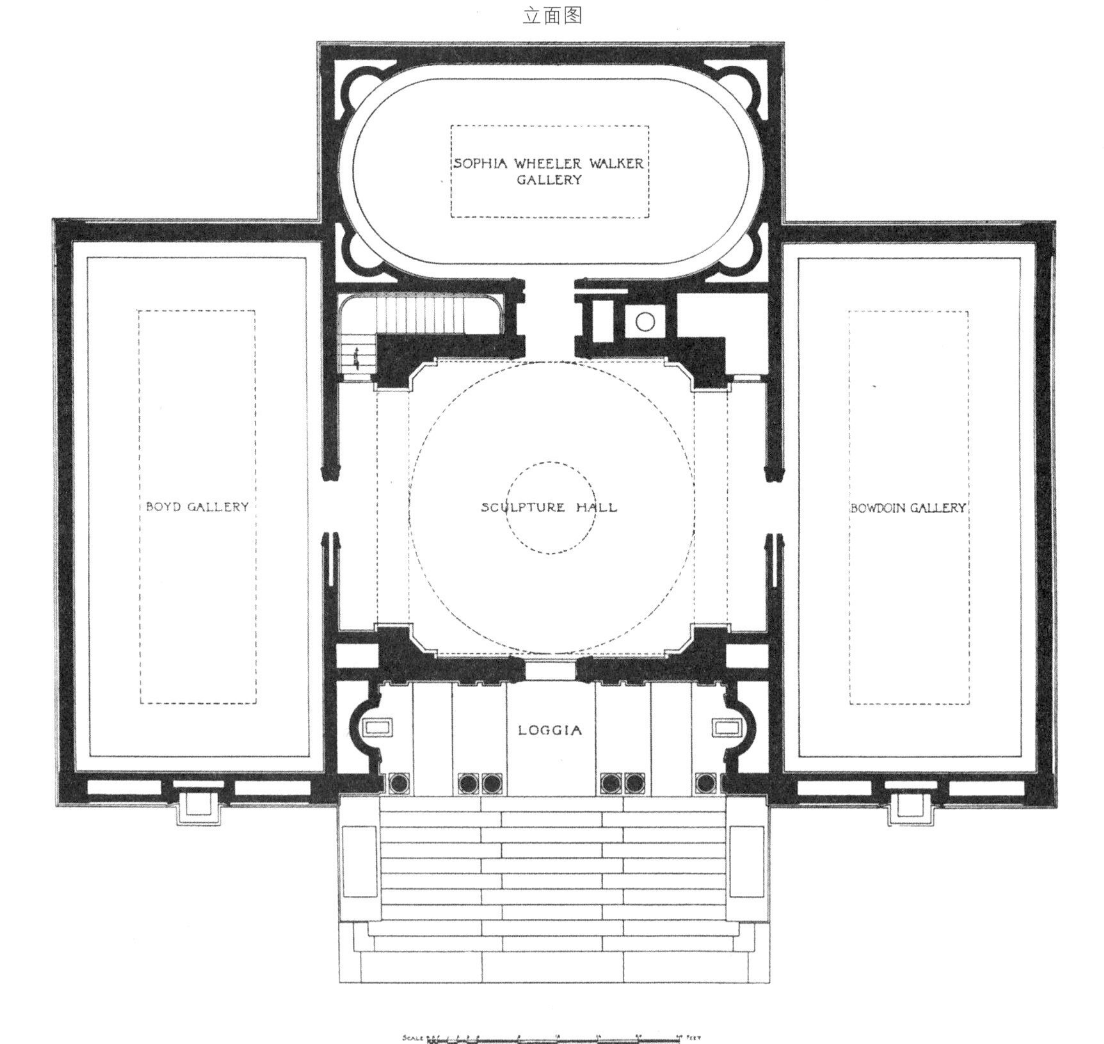
SOPHIA WHEELER WALKER
GALLERY
BOYD GALLERY
SCULPTURE HALL
BOWDOIN GALLERY
LOGGIA
SCALE
FEET

平面图

哥伦比亚大学图书馆

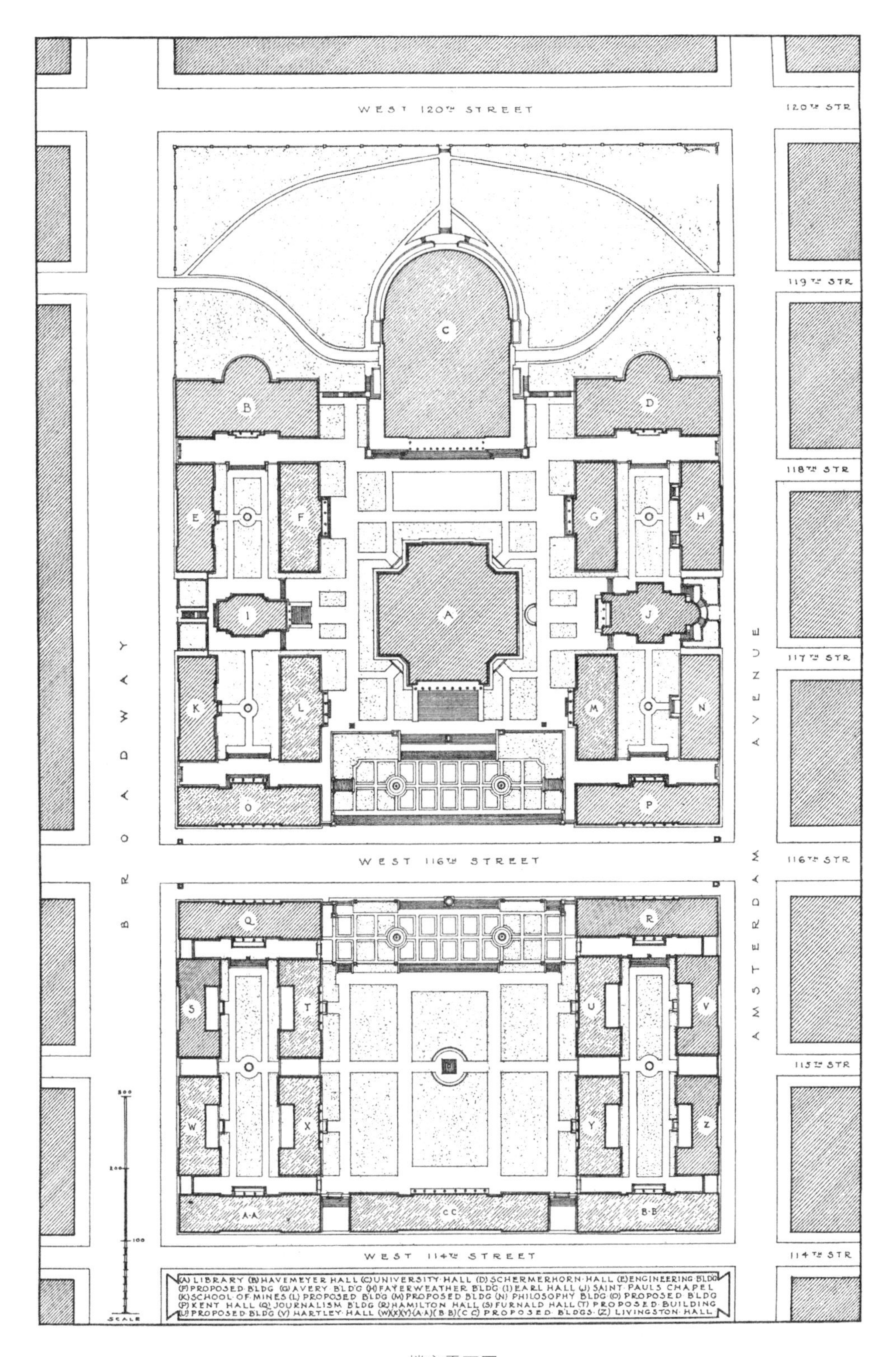

楼宇平面图

纽约　1893 年

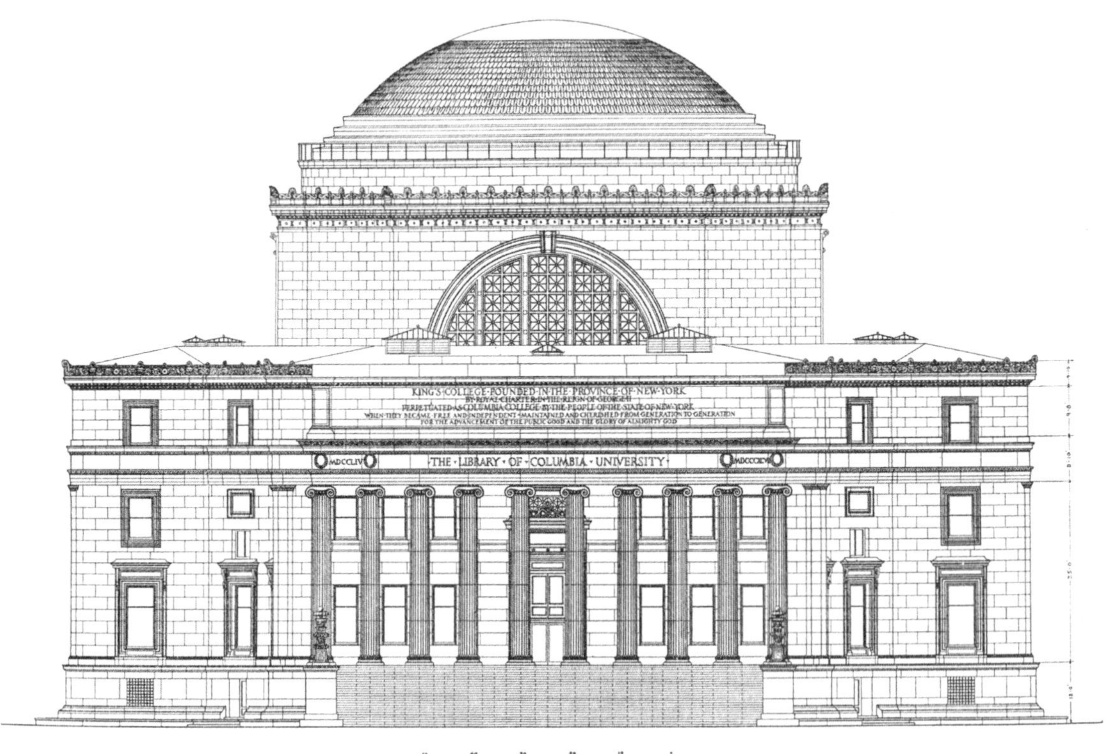
KING'S·COLLEGE·FOUNDED·IN·THE·PROVINCE·OF·NEW·YORK
BY·ROYAL·CHARTER·IN·THE·REIGN·OF·GEORGE·II
PERPETUATED·AS·COLUMBIA·COLLEGE·BY·THE·PEOPLE·OF·THE·STATE·OF·NEW·YORK
WHEN·THEY·BECAME·FREE·AND·INDEPENDENT·MAINTAINED·AND·CHERISHED·FROM·GENERATION·TO·GENERATION
FOR·THE·ADVANCEMENT·OF·THE·PUBLIC·GOOD·AND·THE·GLORY·OF·ALMIGHTY·GOD
MDCCLIV
THE·LIBRARY·OF·COLUMBIA·UNIVERSITY
SCALE
FEET

南立面图

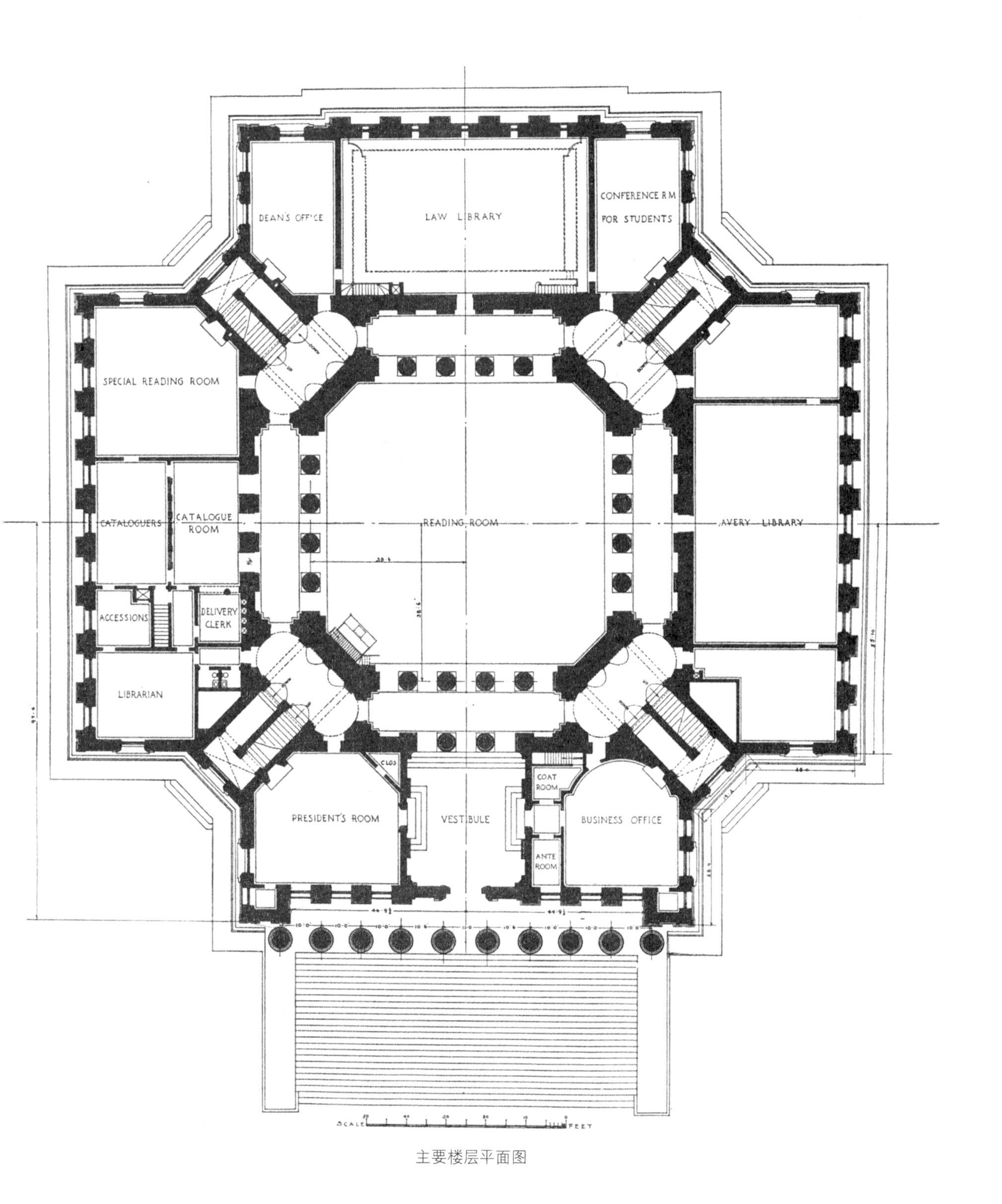
DEAN'S OFFICE
LAW LIBRARY
CONFERENCE RM FOR STUDENTS
SPECIAL READING ROOM
CATALOGUERS
CATALOGUE ROOM
READING ROOM
AVERY LIBRARY
ACCESSIONS
DELIVERY CLERK
LIBRARIAN
CLOS
COAT ROOM
PRESIDENT'S ROOM
VESTIBULE
BUSINESS OFFICE
ANTE ROOM
SCALE
FEET

主要楼层平面图

UPPER CHENEAU
MDCCL
DETAILS OF·THE SOUTH PORTICO
SIDE WINDOWS FIRST STORY

南侧门廊详图

阅览室全景

前厅

阅览堂半圆形窗

理事办公室

BRONZE CAPITALS
ORNAMENT
CONTINUE
ASCUTNEY GREEN GRANITE SHAFTS
OPEN
LIMESTONE
FEET
BELGIAN BLACK MARBLE BASE
BROWN NUMIDIAN MARBLE
WROUGHT IRON GATES

阅览室详图

贾德森（Judson）纪念教堂

入口大门

主入口详图和剖面图

纽约华盛顿广场　1893 年

大都会俱乐部

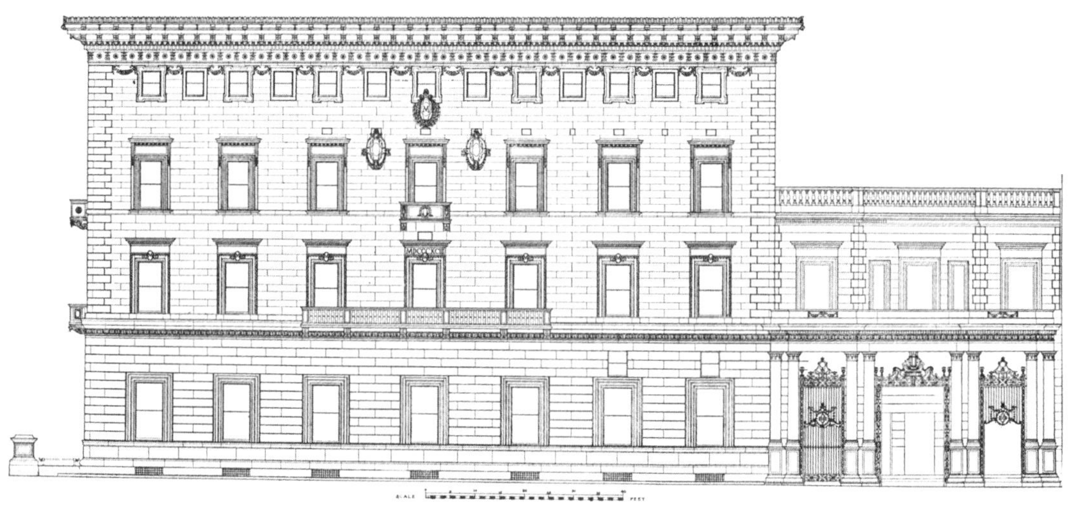

第 60 大街一侧立面图
纽约 1894 年

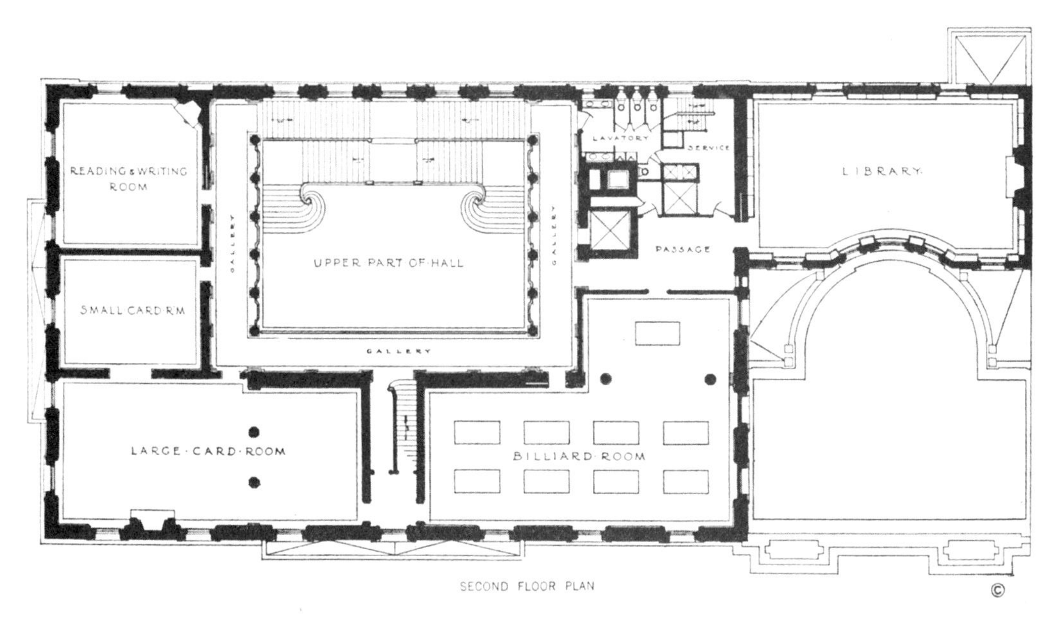
READING & WRITING ROOM
SMALL CARD R'M
LARGE·CARD·ROOM
GALLERY
UPPER PART OF HALL
GALLERY
LAVATORY
SERVICE
PASSAGE
LIBRARY
BILLIARD ROOM
SECOND FLOOR PLAN
©

二层平面图

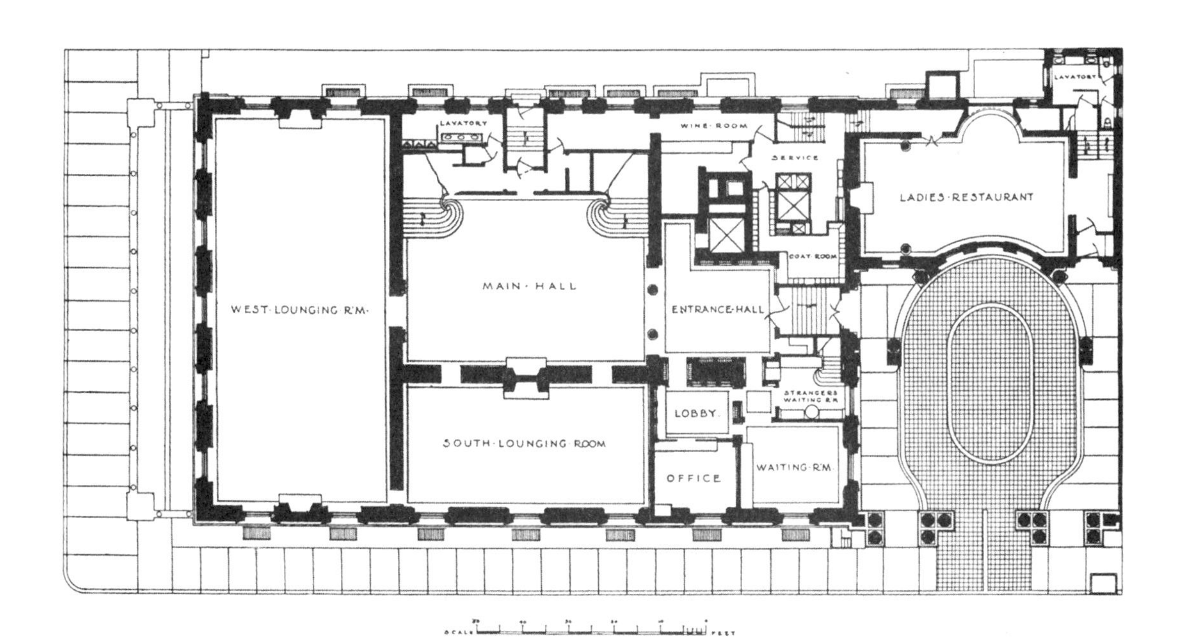
LAVATORY
WINE·ROOM
SERVICE
LAVATORY
LADIES·RESTAURANT
MAIN·HALL
WEST·LOUNGING R'M·
COAT ROOM
ENTRANCE·HALL
STRANGERS WAITING R'M
LOBBY
SOUTH·LOUNGING ROOM
OFFICE
WAITING·R'M·

一层平面图

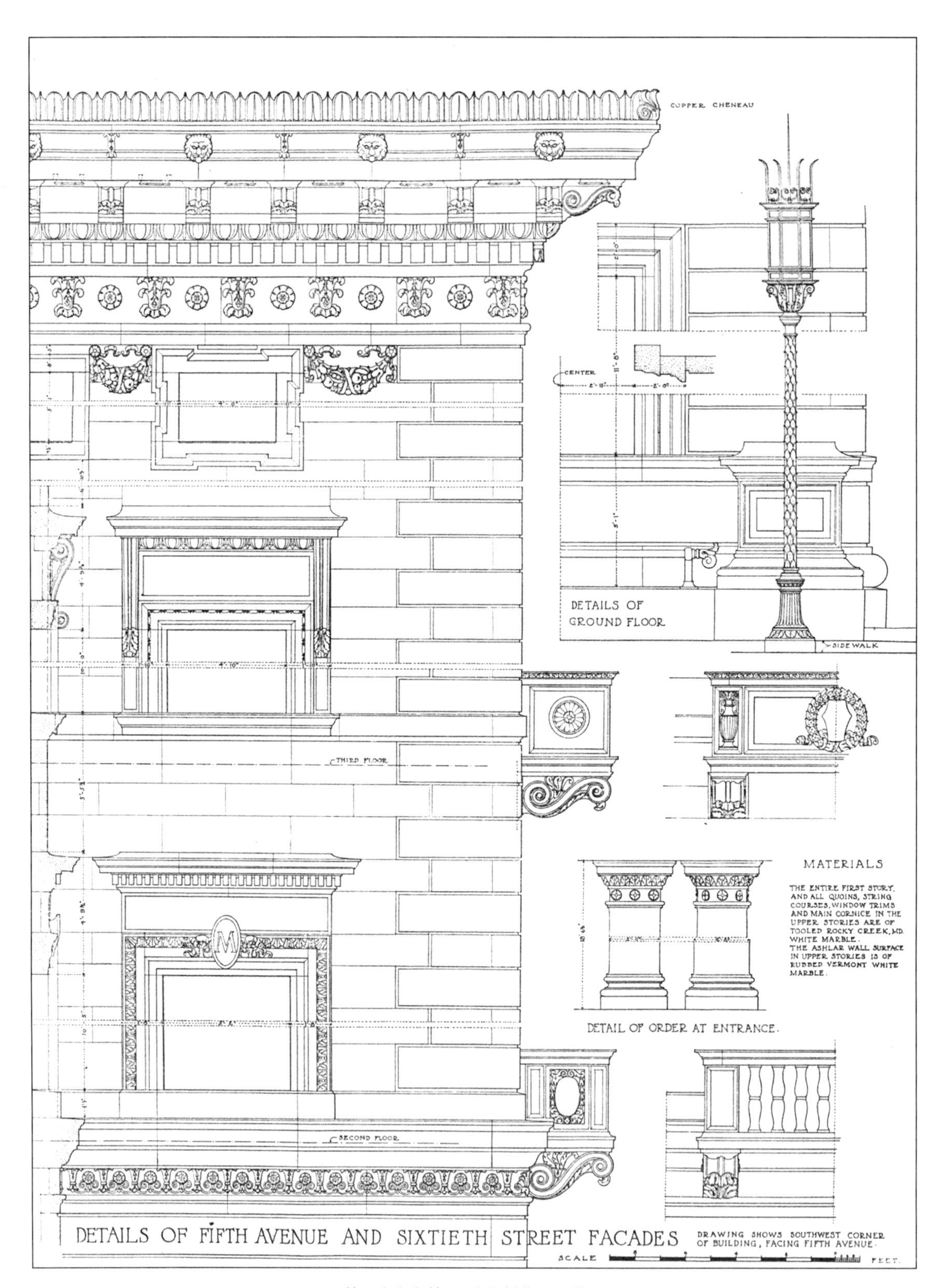

第 5 大街和第 60 大街侧的立面详图

入口大门

主厅

纽约先驱报大楼

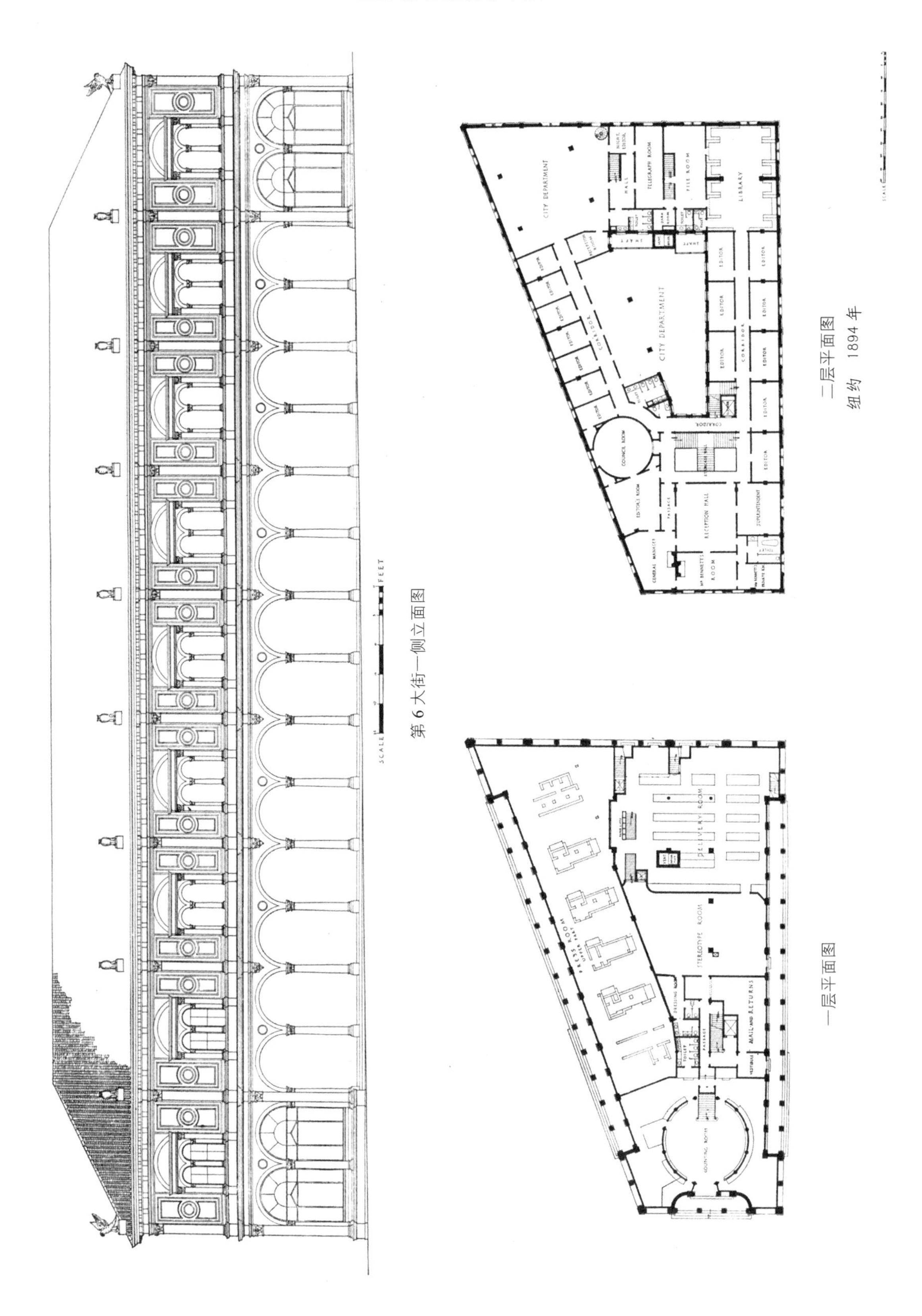

第6大街一侧立面图

二层平面图
纽约 1894年

一层平面图

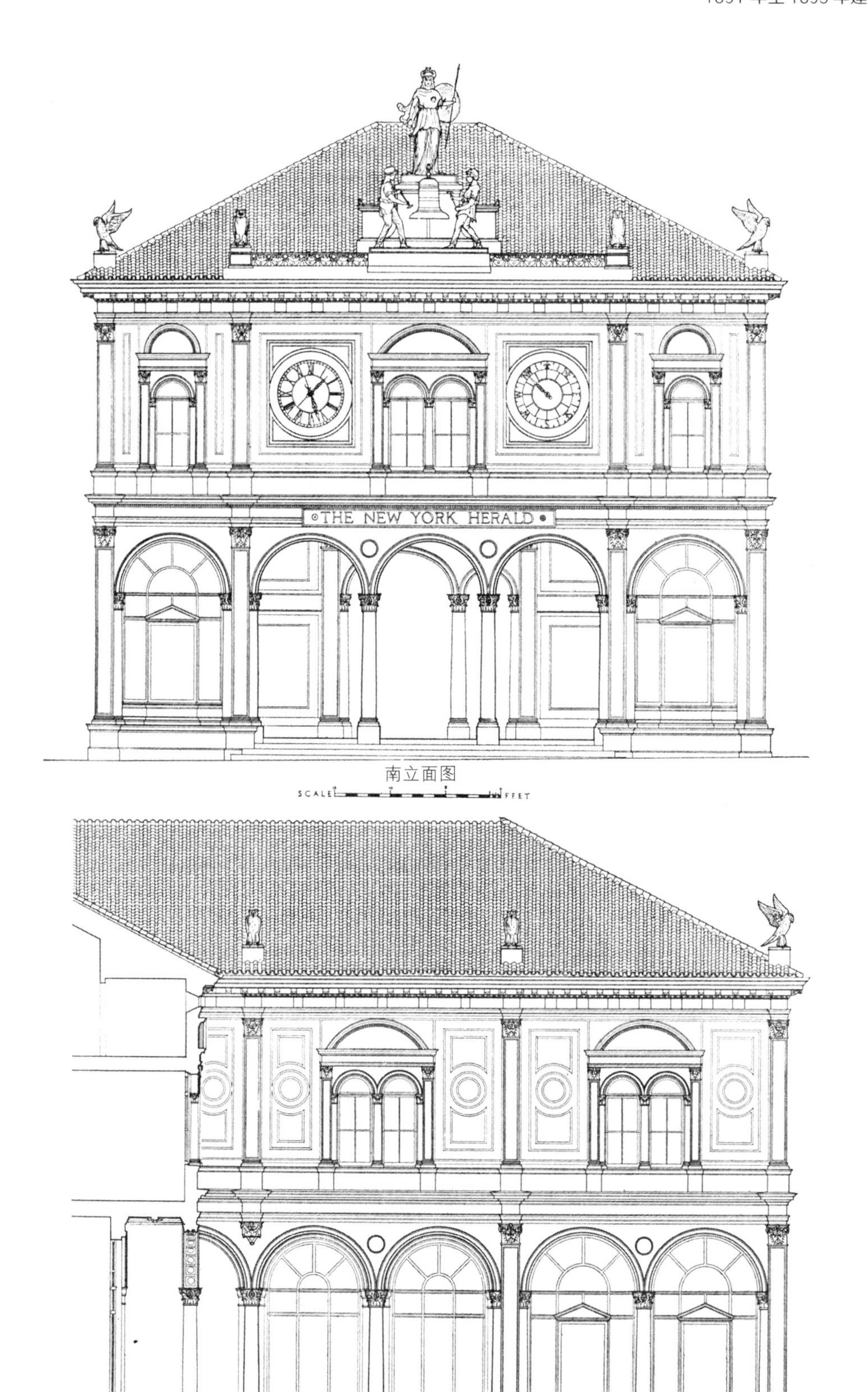

南立面图

百老汇一侧正面详图

百老汇一侧立面

入口细节

百老汇一侧正面细节

鲍厄里储蓄银行

格兰街一侧立面

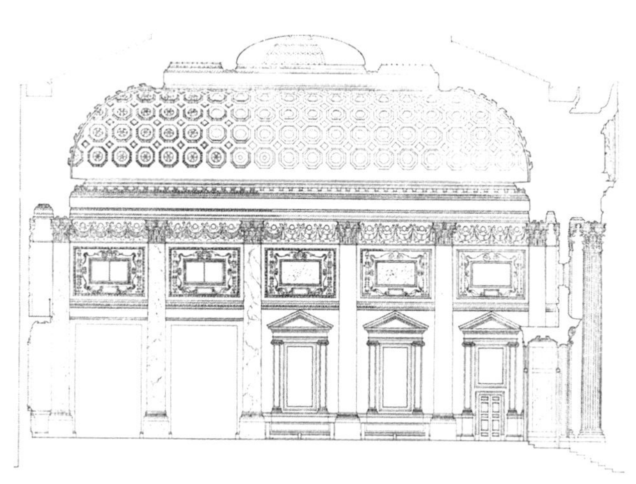

会计室剖面

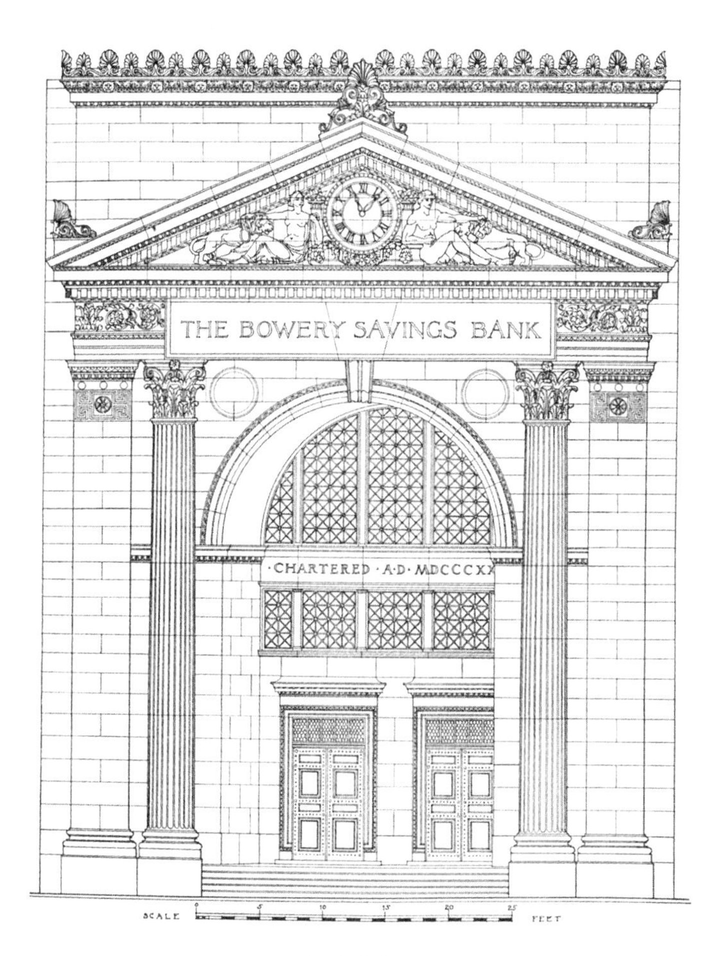

鲍厄里储蓄银行立面

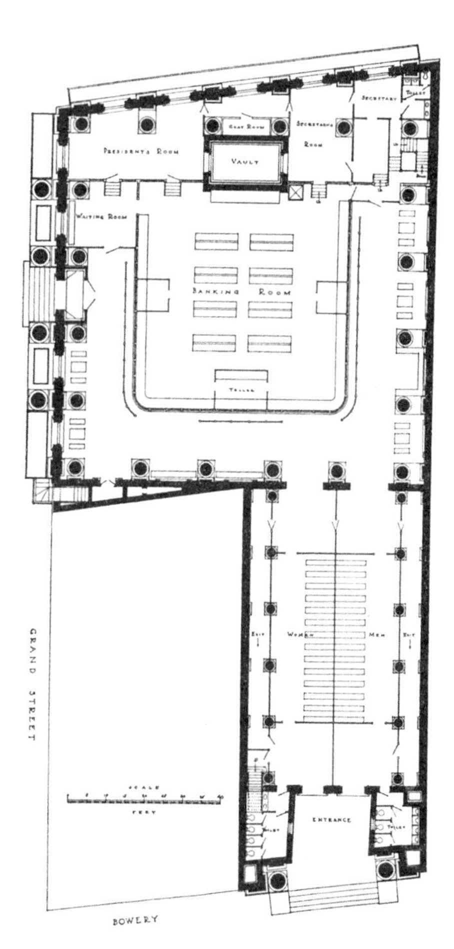

平面图

纽约 1895 年

格兰街一侧立面

内景

埃利奥特·谢泼德（Elliott F. Shepard）住宅

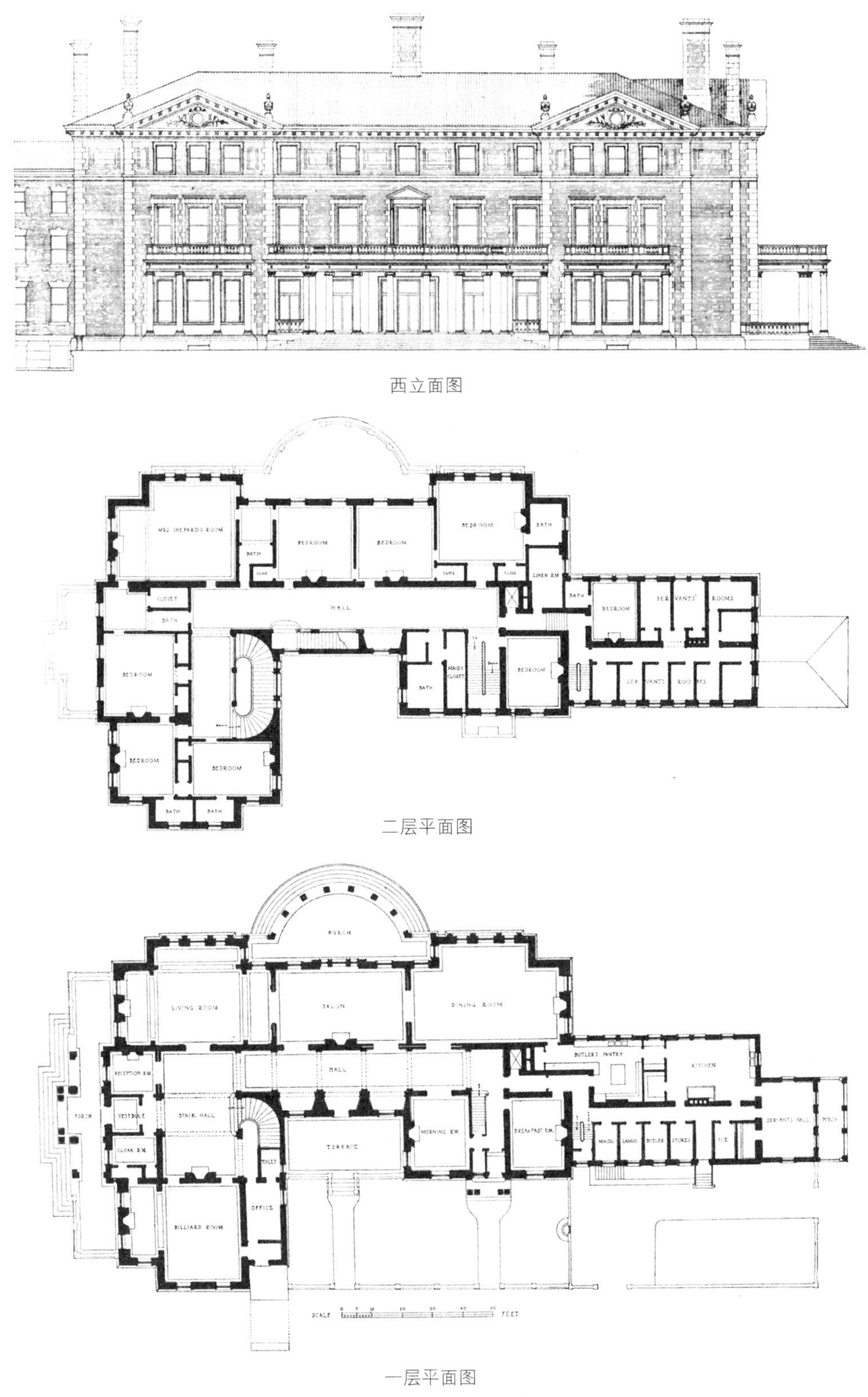

西立面图

二层平面图

一层平面图

纽约州斯卡伯勒 1895 年

西北侧全境

哈得孙河一侧立面

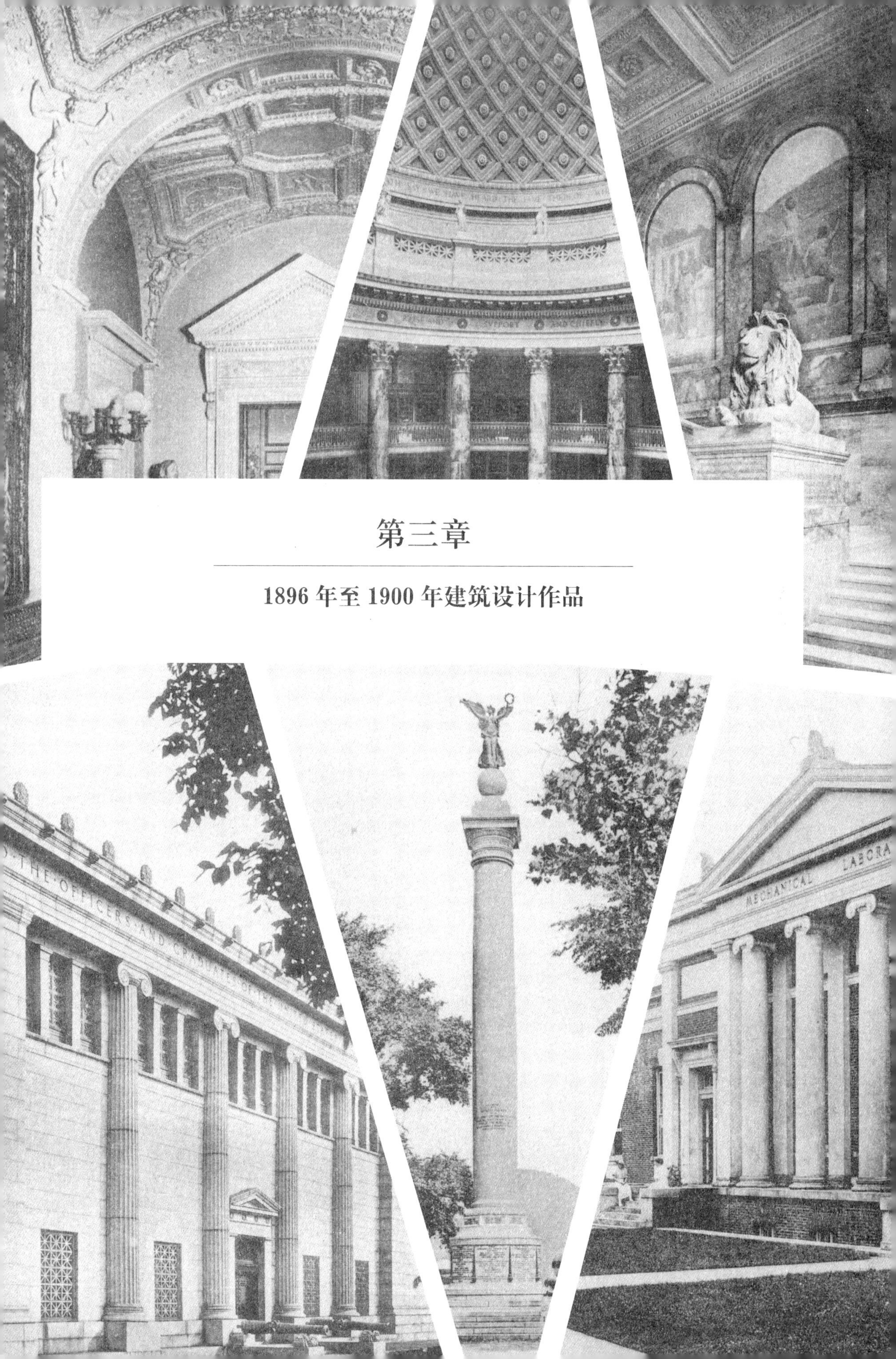

第三章

1896 年至 1900 年建筑设计作品

花园城酒店

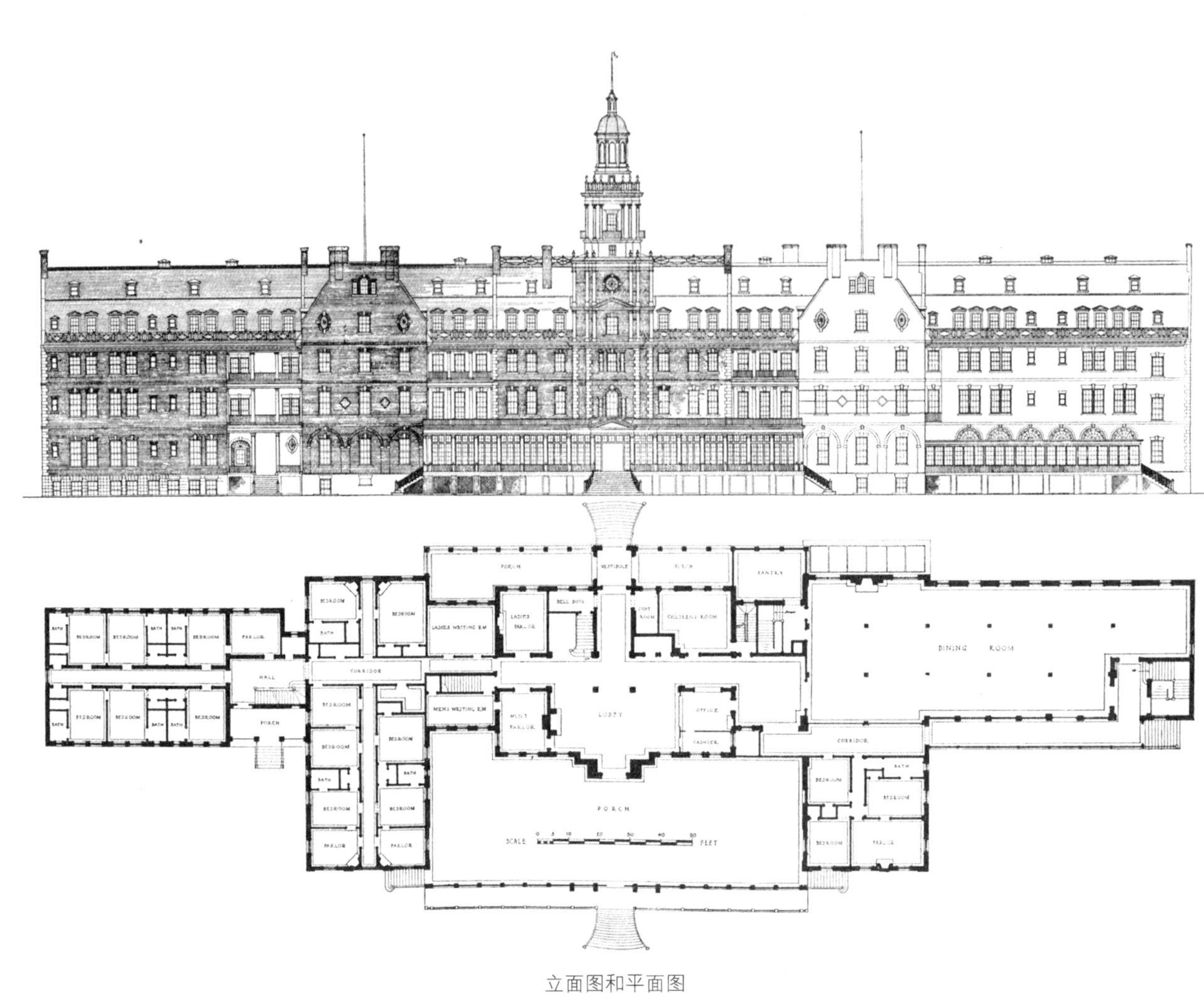

立面图和平面图
长岛加登城 1896 年

战争纪念碑

立面图和详图

纽约西点军校　1896 年

纽约大学

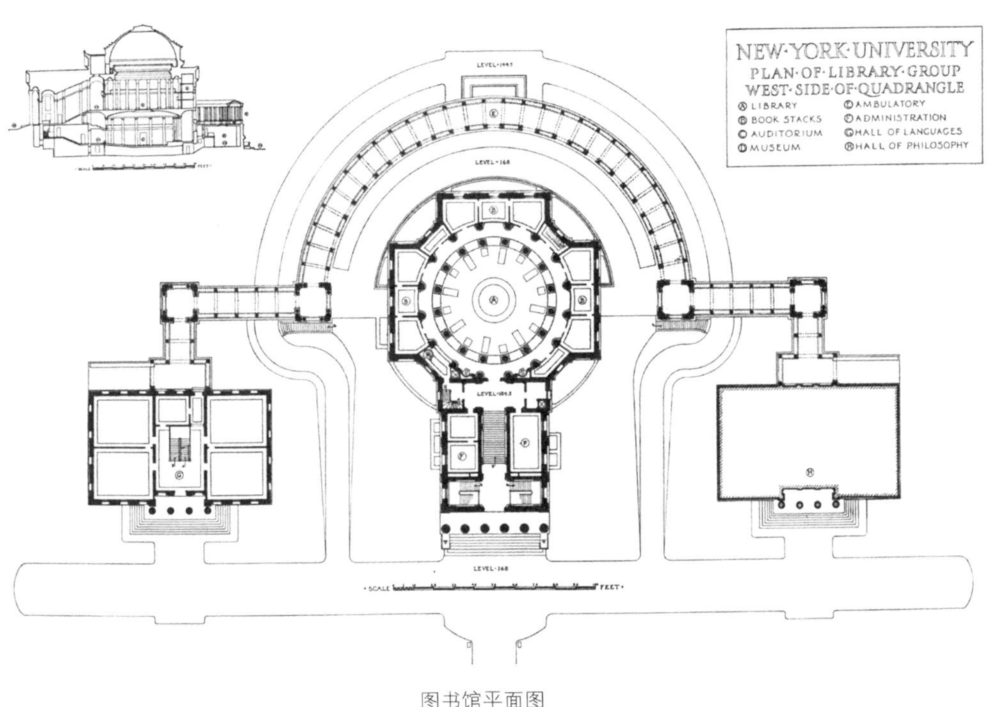

图书馆平面图

纽约　1896 年

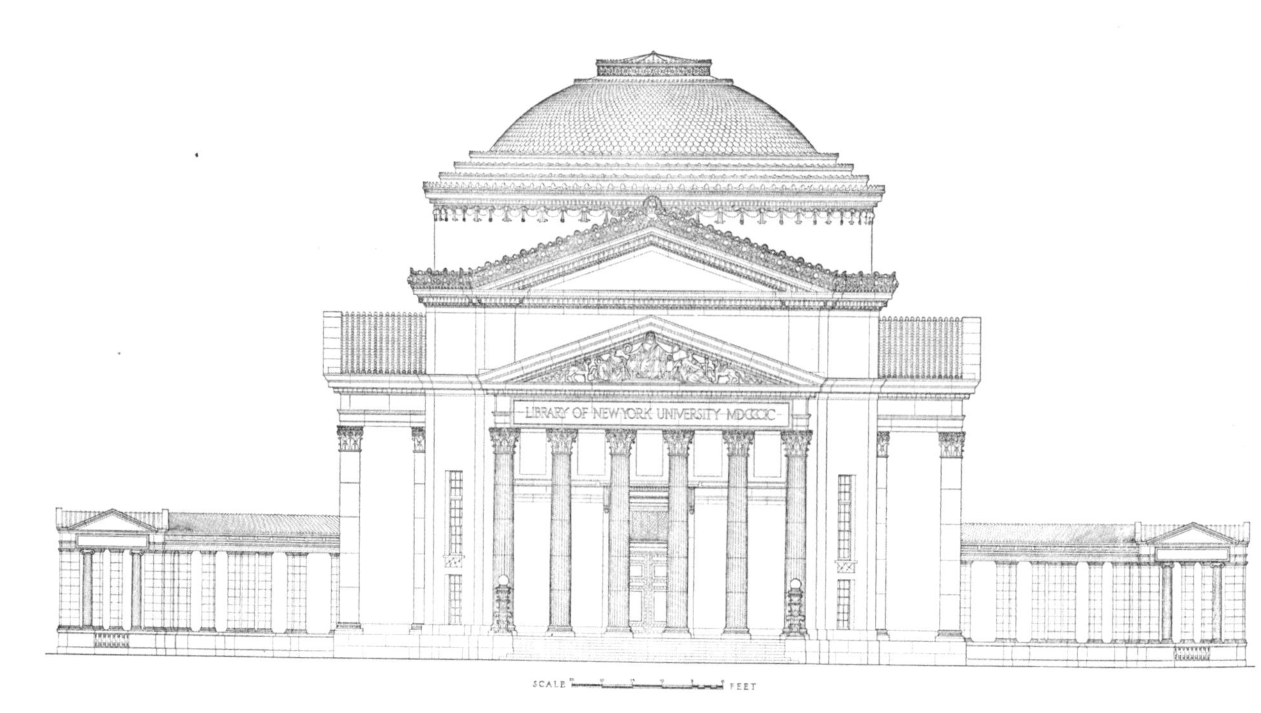

图书馆立面图

图书馆和语言厅

图书馆的阅览室

图书馆门廊

罗伯特 • 卡明（Robert W. Cumming）住宅

花园一侧立面

入口正面

新泽西州纽瓦克　1896 年

泰勒（H. A. C. Taylor）住宅（纽约）

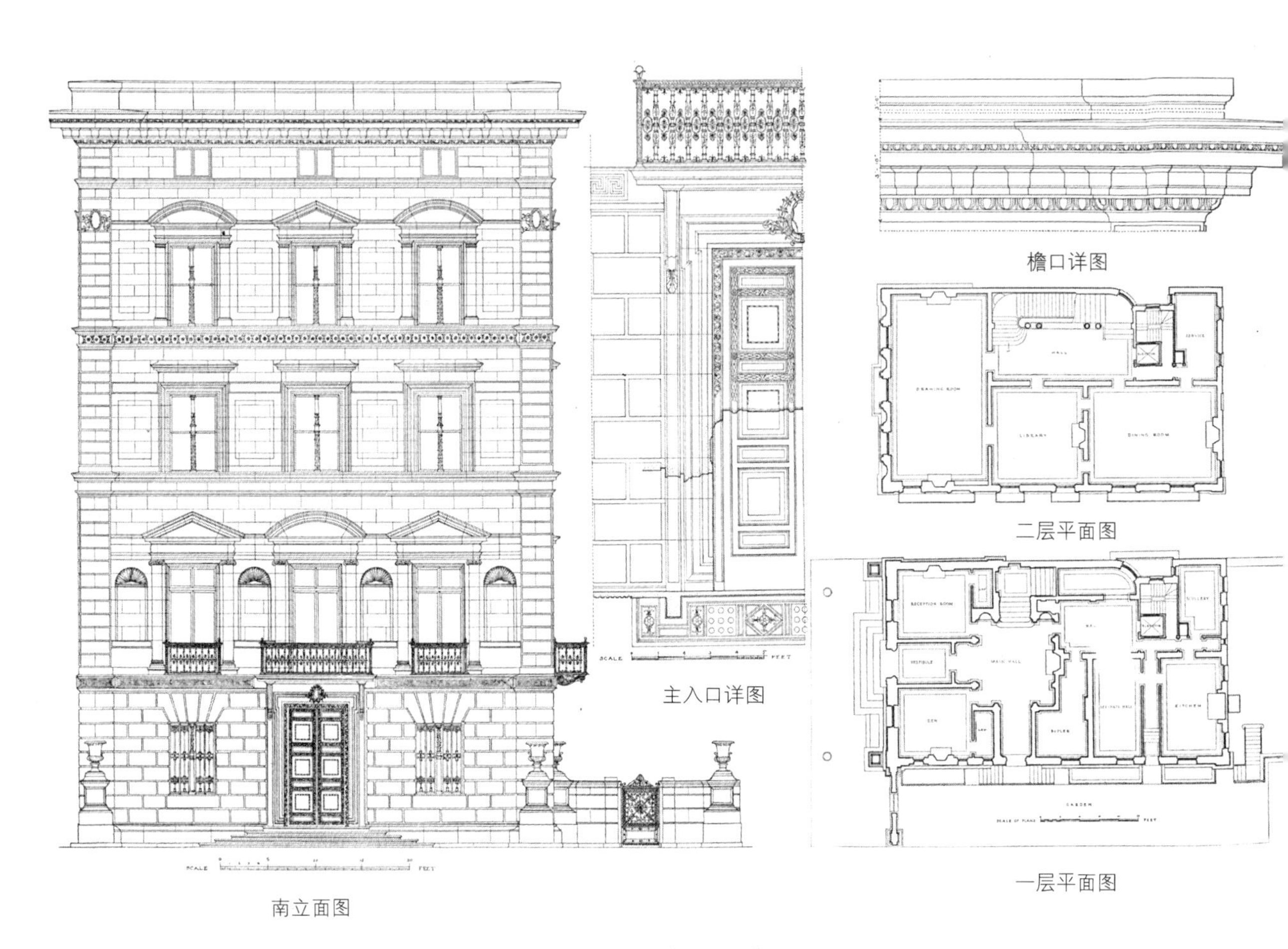

檐口详图

二层平面图

主入口详图

一层平面图

南立面图

纽约 1896 年

第 71 大街一侧正面

二层大厅

书房

餐厅

范德比尔特（Frederick W. Vanderbilt）住宅

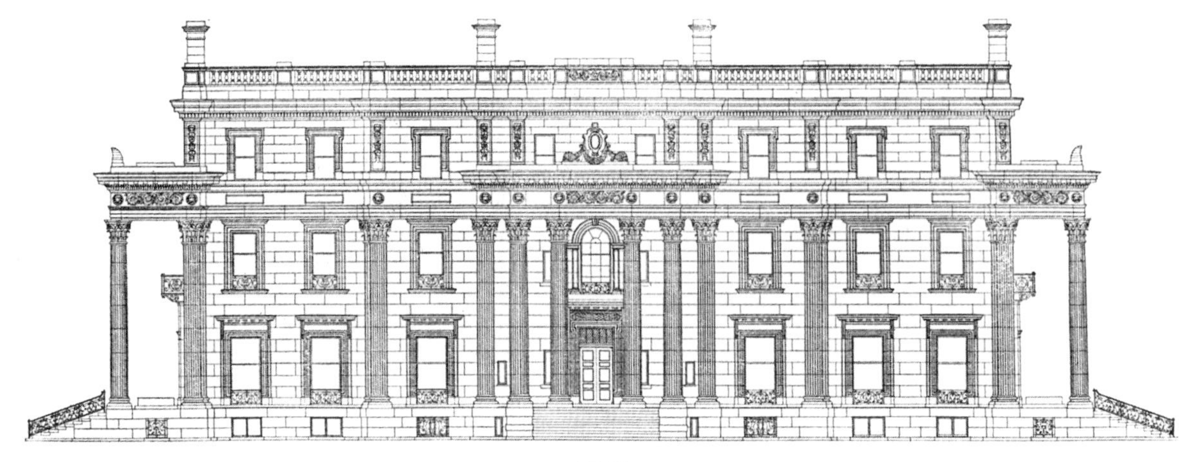

立面图

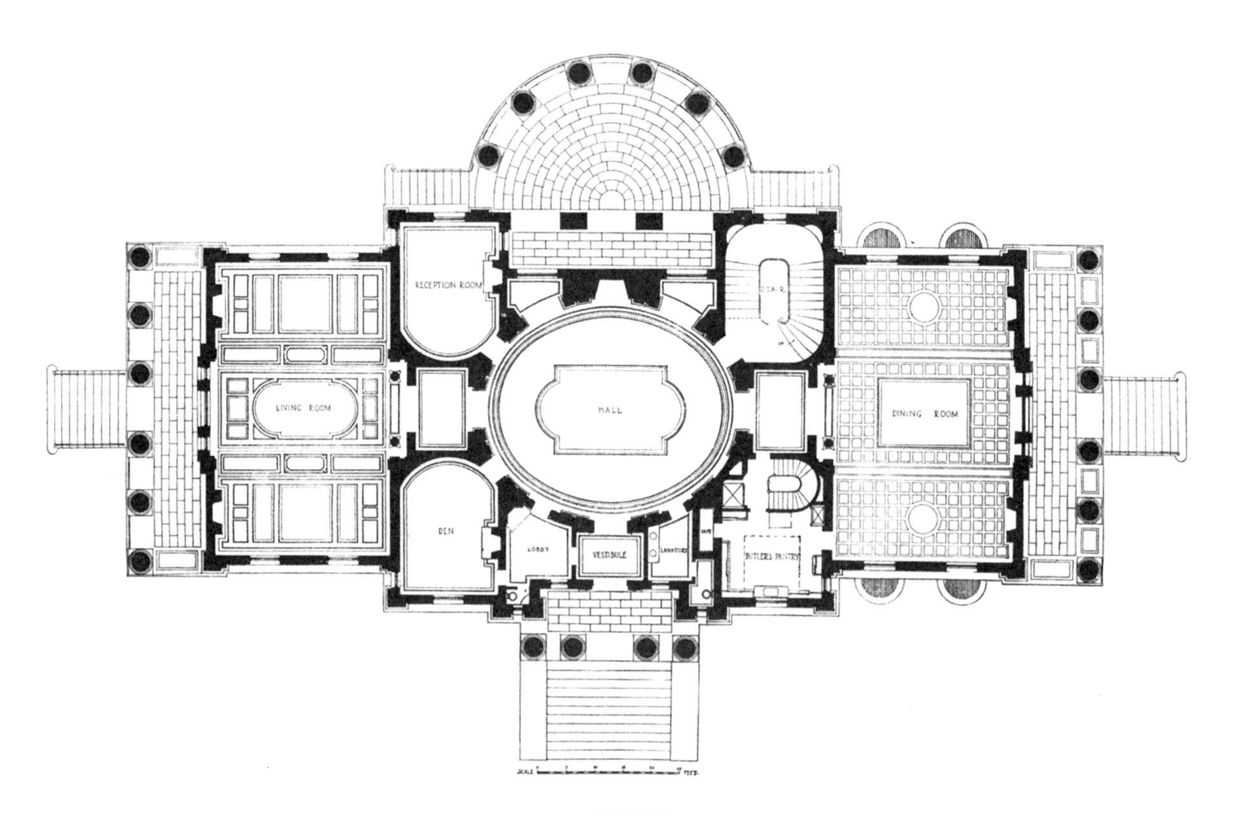

一层平面图

纽约海德公园村　1896 年

东立面

西北侧外观

布鲁克林艺术与科学学院

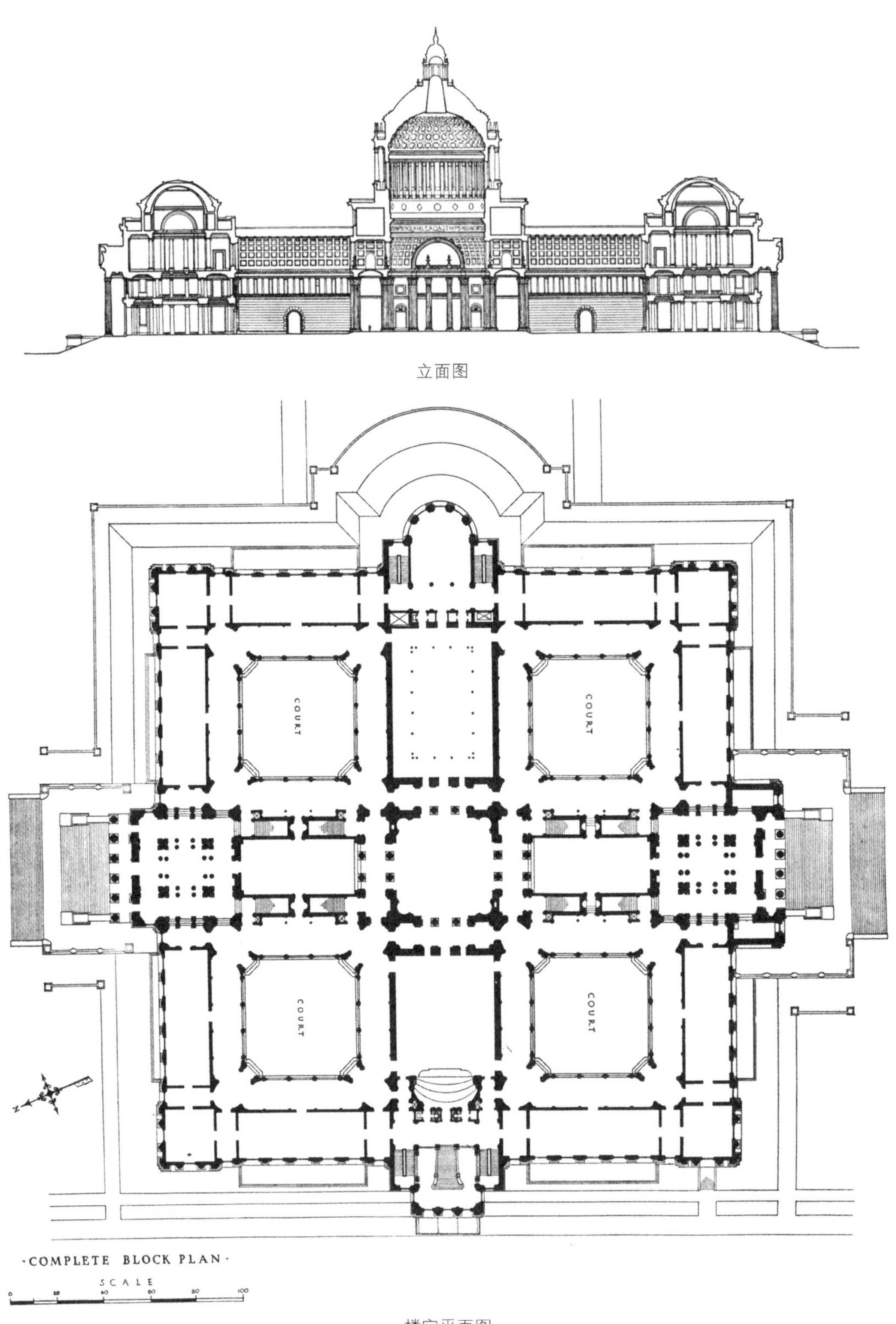

立面图

楼宇平面图

始于 1897 年

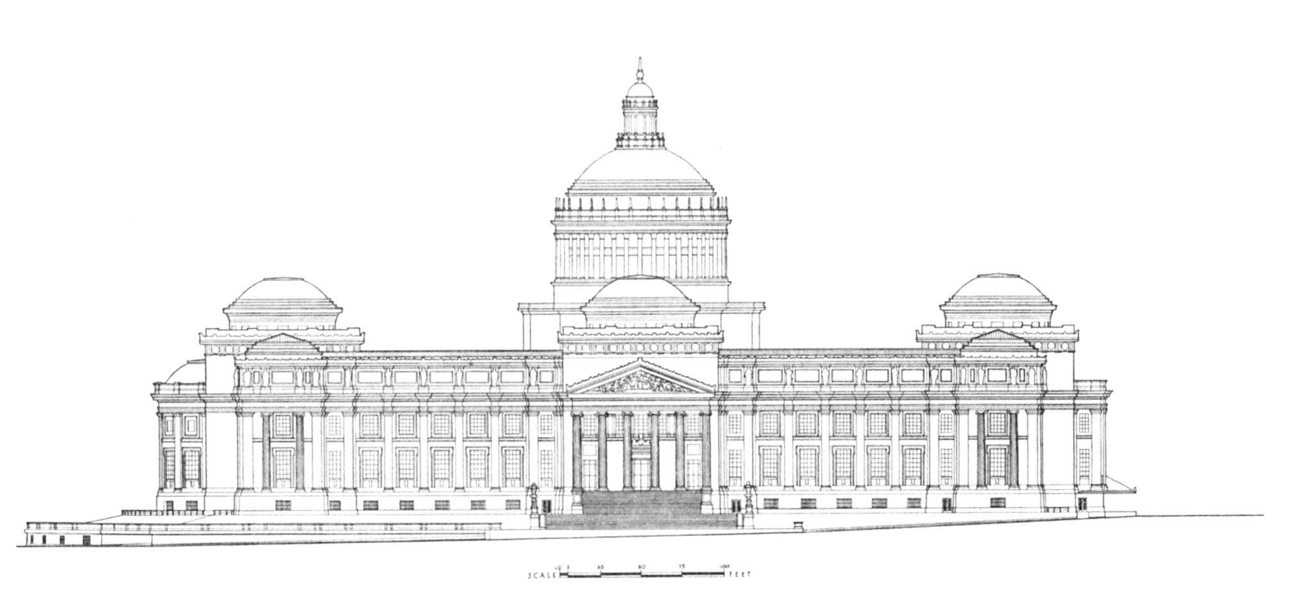

完成方案的北立面图

北立面

ACROTERION
AT APEX
OF PEDIMENT
BASE OF DOME
UPPER CORNICE
CENTRAL PORTION
SOFFIT OF ABOVE CORNICE
MAIN ENTRANCE
DOORWAY
DETAILS OF
NORTH PORTICO
SCALE
MATERIAL - INDIANA LIMESTONE

外部详图

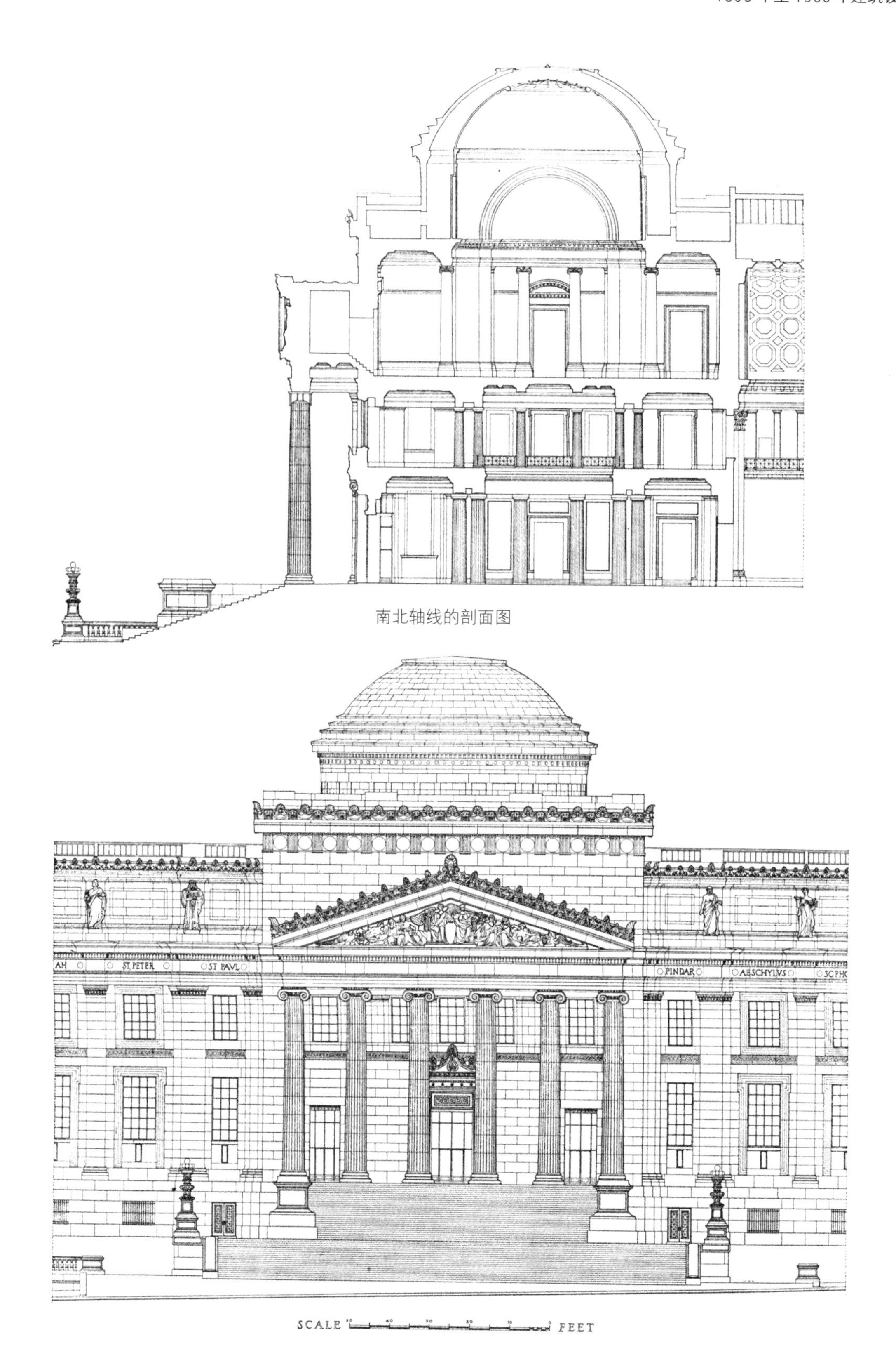

南北轴线的剖面图

北立面的中心部分

托马斯·纳尔逊·佩奇（Thomas Nelson Page）住宅

立面图

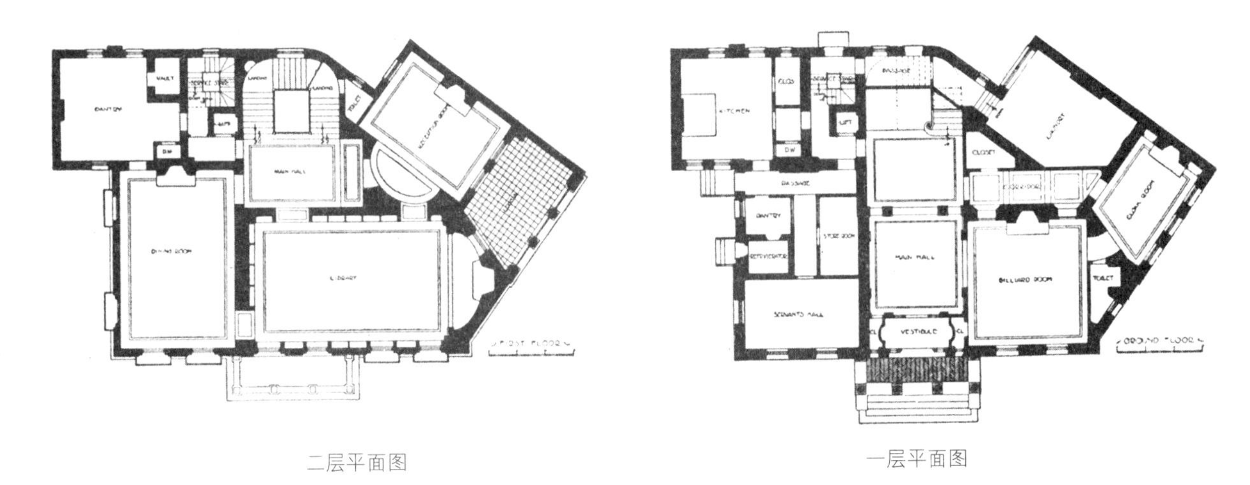

二层平面图　　一层平面图

华盛顿特区　1897 年

联邦大街建筑

马萨诸塞州波士顿 1897 年

乔治·尼克森（George A. Nickerson）住宅

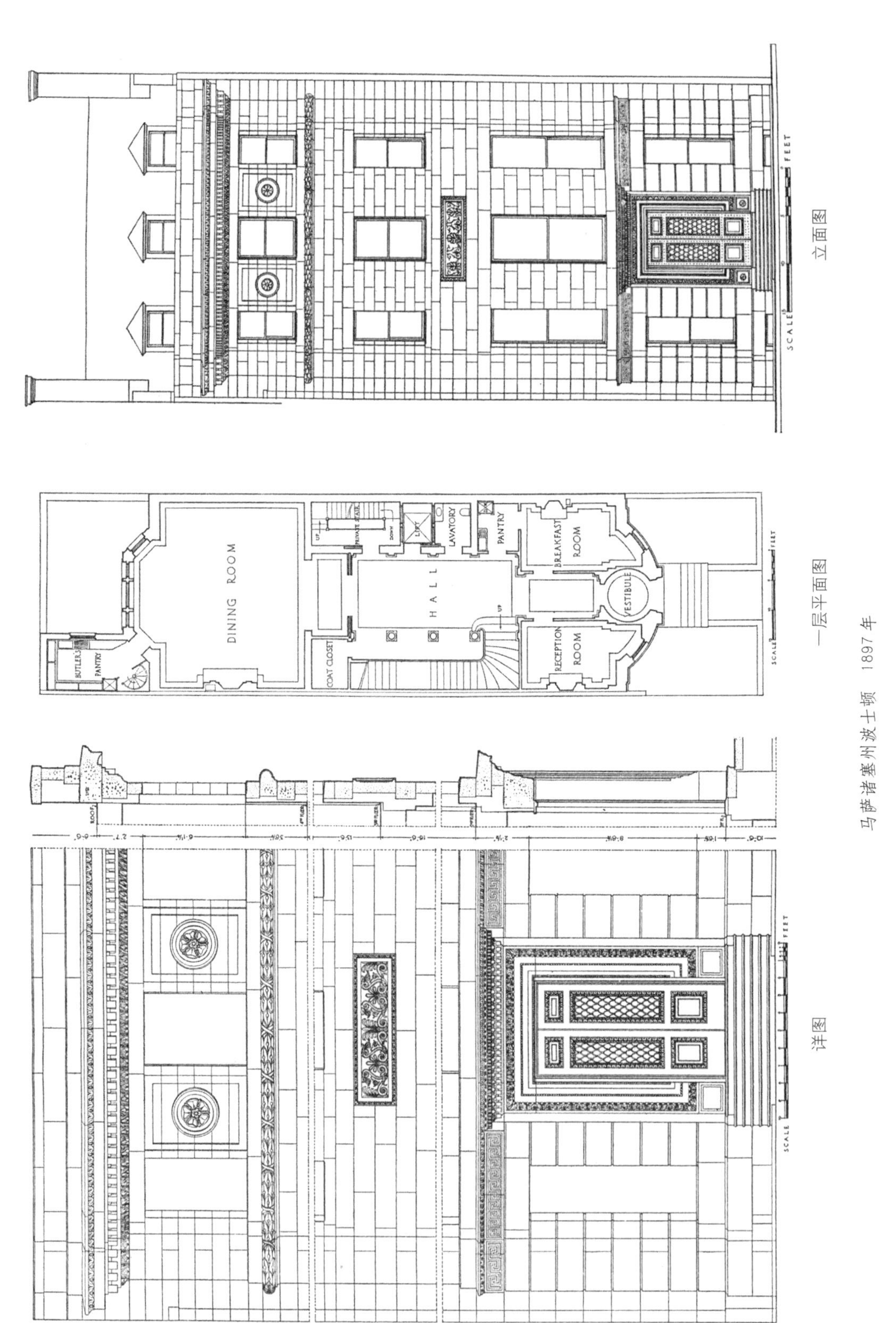

立面图

一层平面图

详图

马萨诸塞州波士顿 1897年

雪利酒店（Sherry's Hotel）

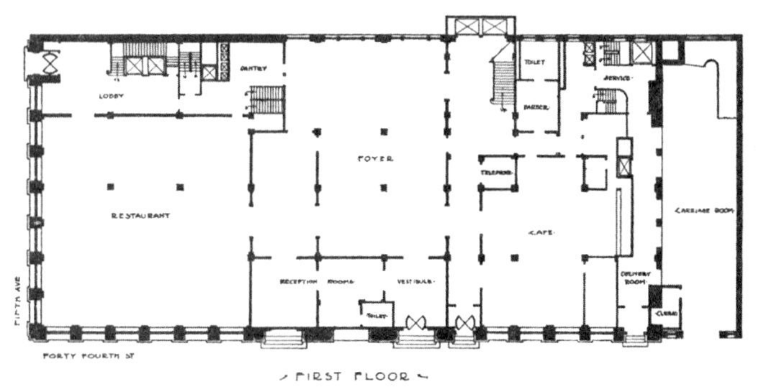

一层平面图

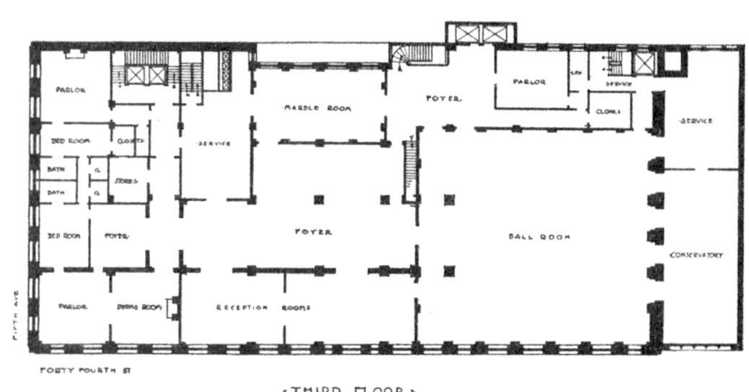

三层平面图

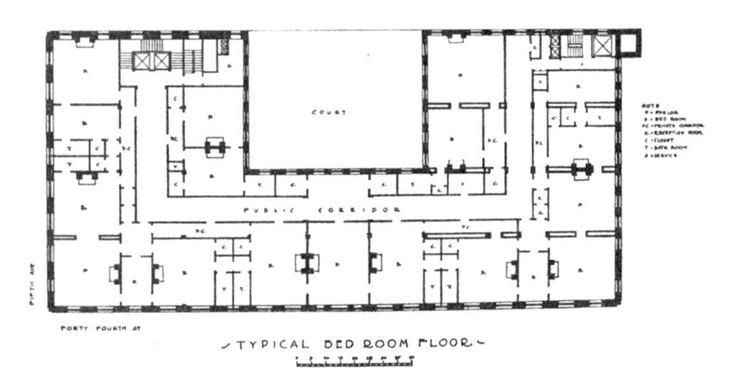

典型客房层平面图

纽约　1898 年

餐厅

舞厅

波士顿公共图书馆

面向科普利广场的立面

达特默思街一侧立面
马萨诸塞州波士顿 1898 年

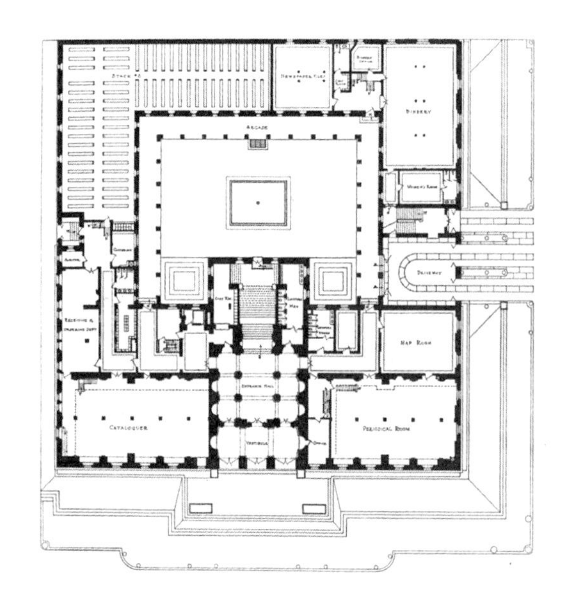

一层平面图

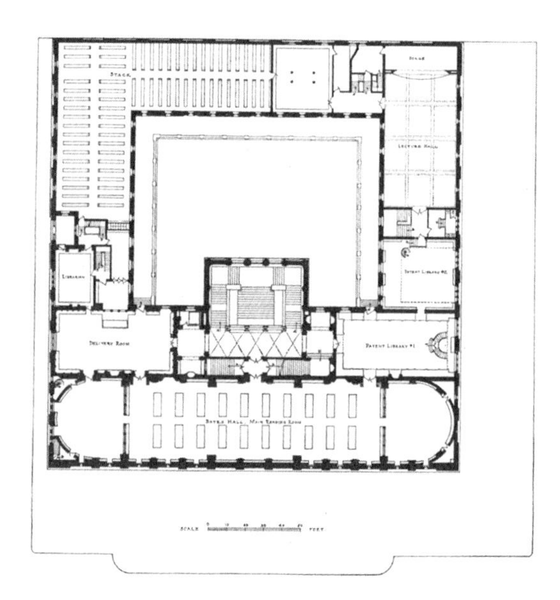

二层平面图

院中景色

从梯台看楼梯厅

主楼梯起点

楼梯厅装饰有皮维·德·夏凡纳（Puvis de Chavannes）画作

外借部的雕带上装饰有艾德文·奥斯汀·艾比（Edwin Austin Abbey）的作品《圣杯》

主阅览室的贝茨厅（Bates Hall）

贝茨厅门

庭院中的细节

主入口的细节

外部详图

主阅览室贝茨厅的内部详图

弗吉尼亚大学

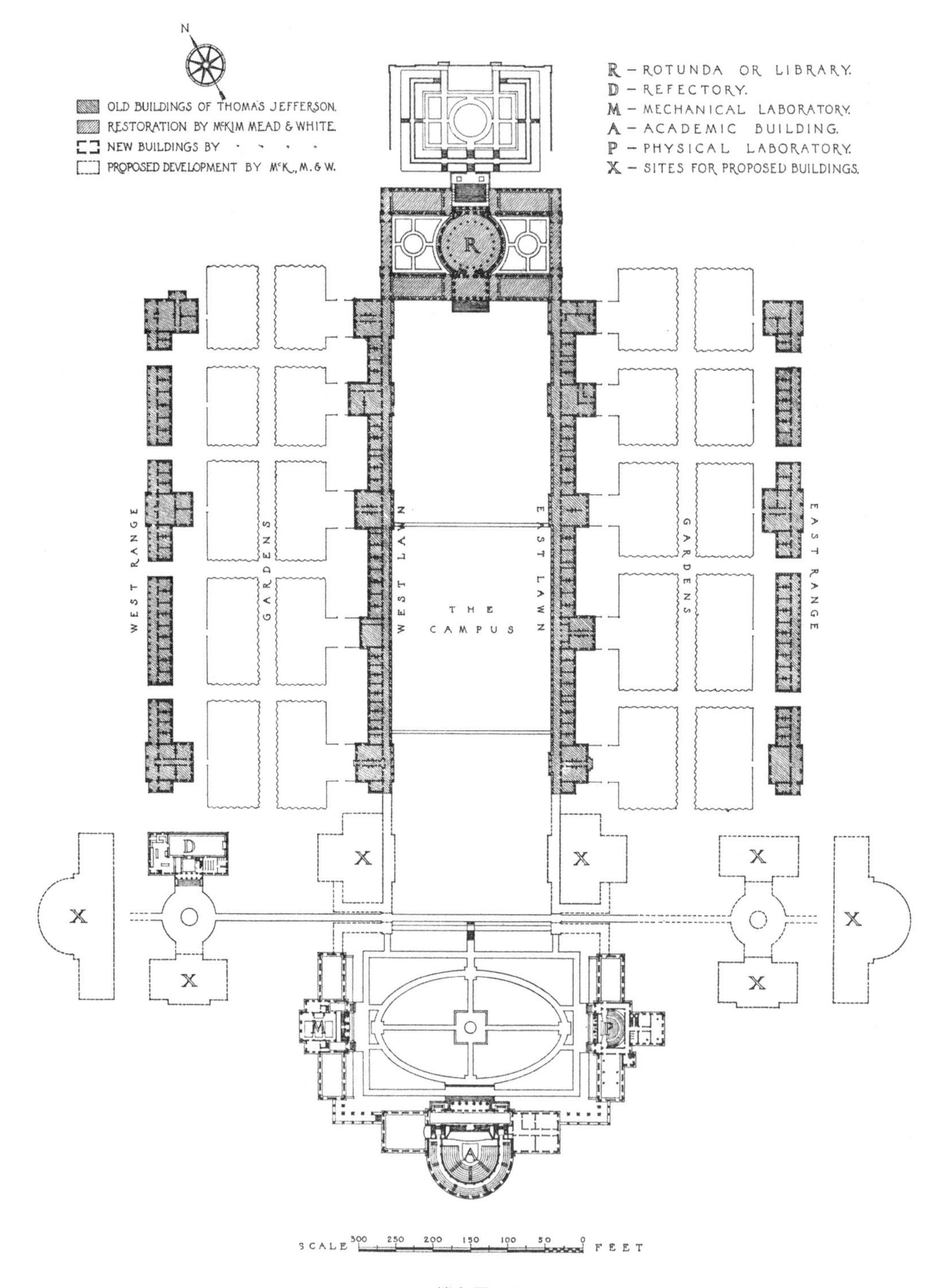

楼宇平面图

弗吉尼亚州夏洛茨维尔 1898 年

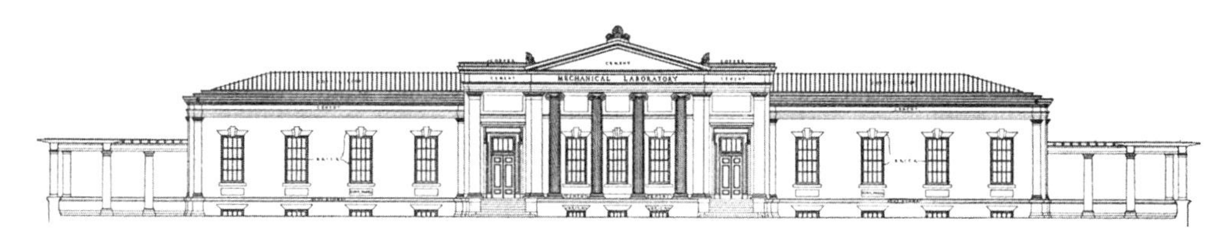

力学实验室立面图

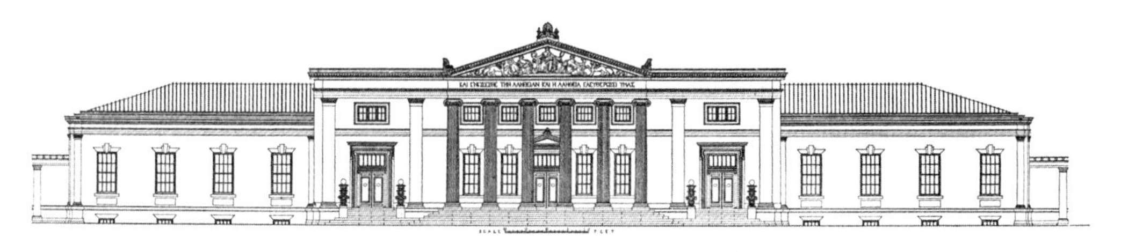

教学楼立面图

材料：墙采用红砖；柱、壁柱、檐口、门和窗饰采用波特兰水泥拉毛粉刷；台阶采用青石

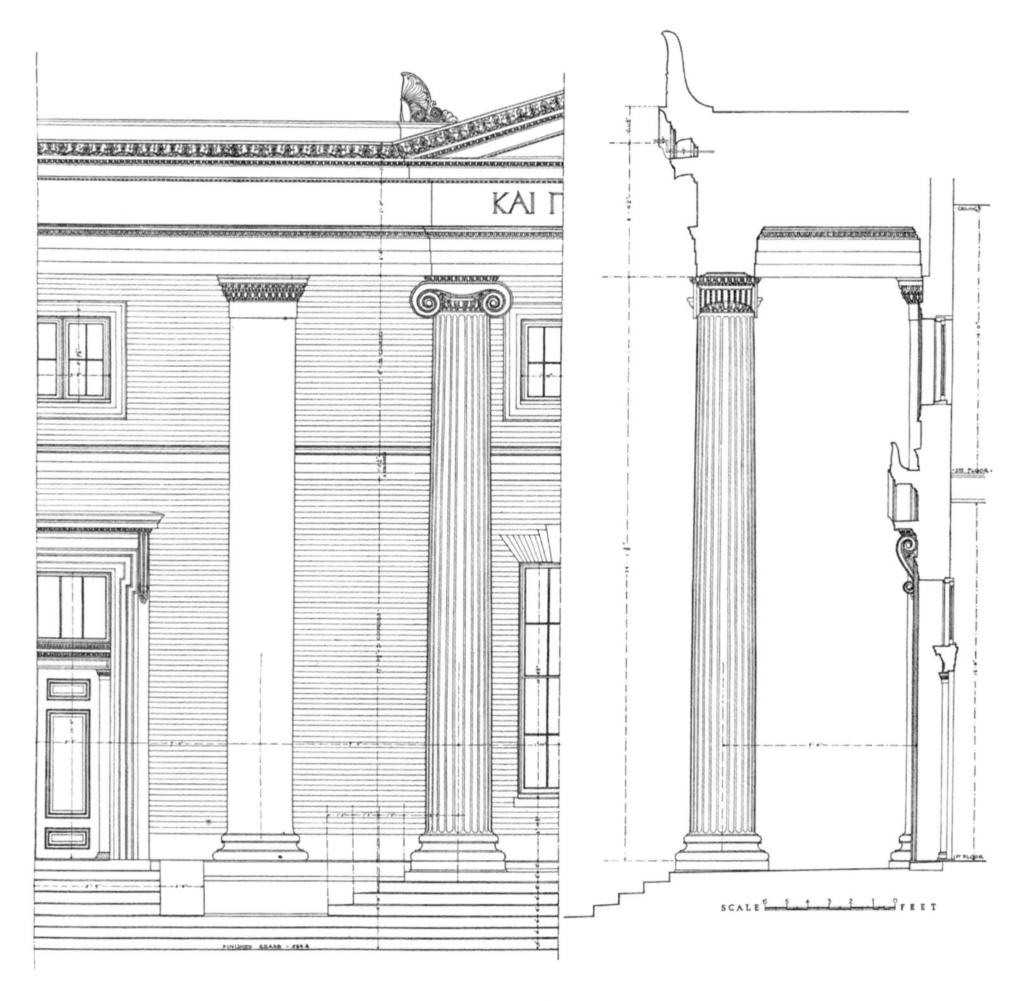

教学楼中心部分详图

教学楼

根据建筑师托马斯•杰斐逊（Thomas Jefferson）的最初方案修复的圆形建筑和走廊

约翰·雅各布·阿斯特（John Jacob Astor）俱乐部

主立面

游泳池

纽约州莱茵贝克　1898 年

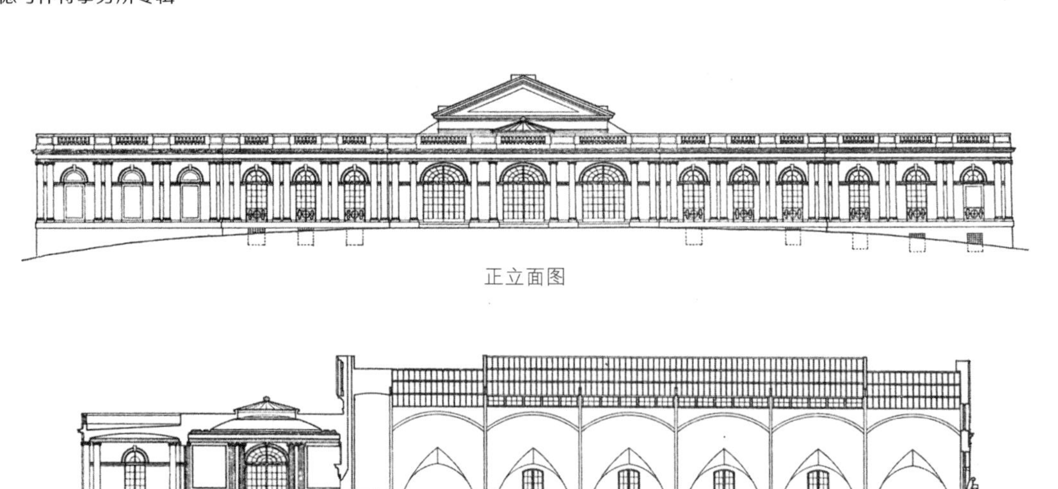

正立面图

横剖面图

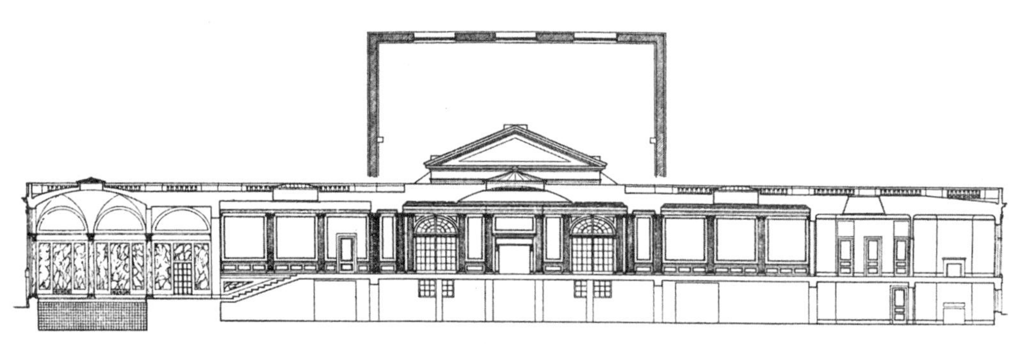

纵剖面图

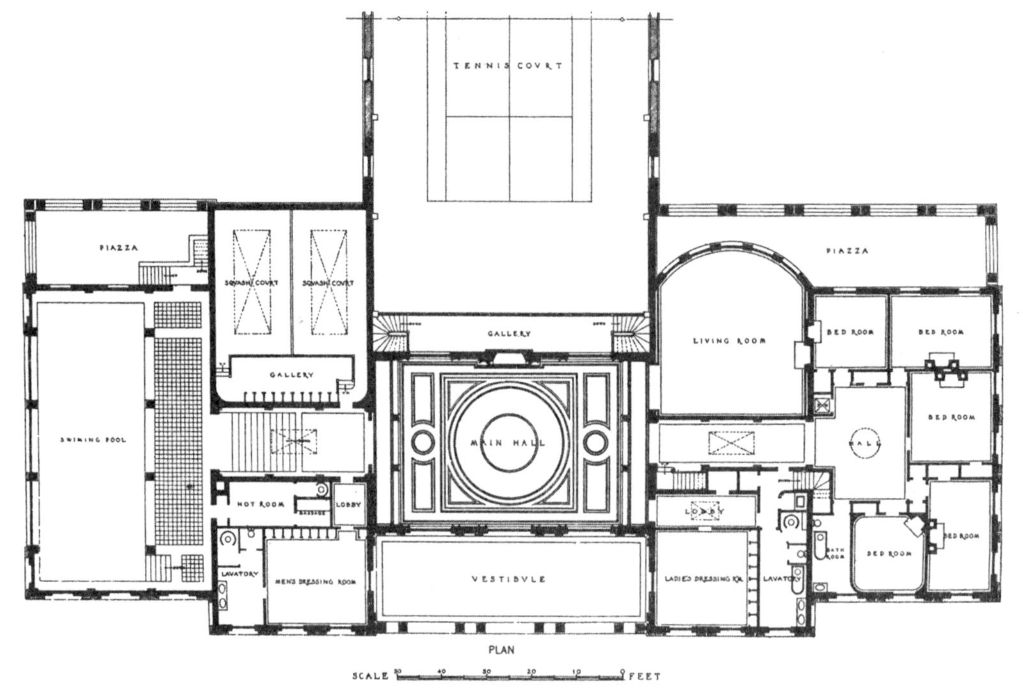

平面图

卡勒姆（Cullum）纪念馆

纽约西点军校　1898 年

二层礼堂

礼堂细节

入口细节

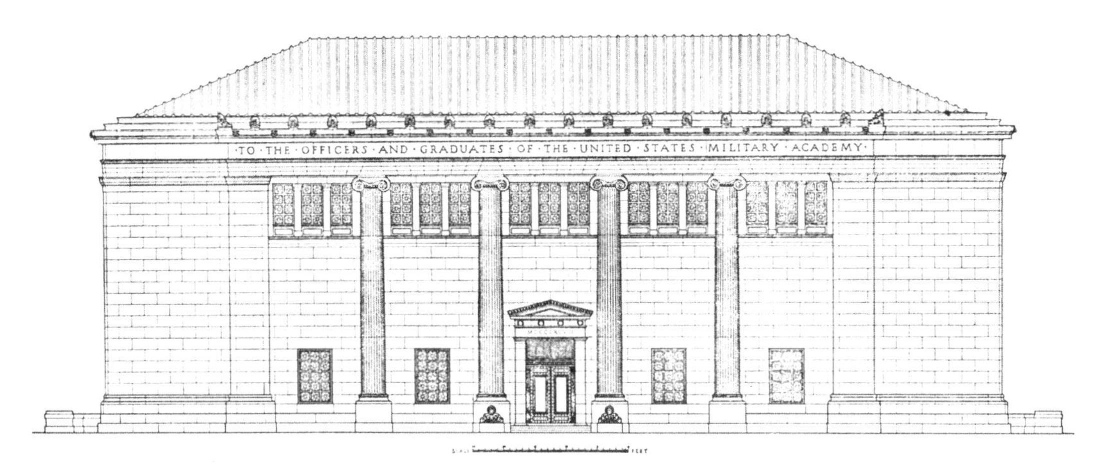

西立面

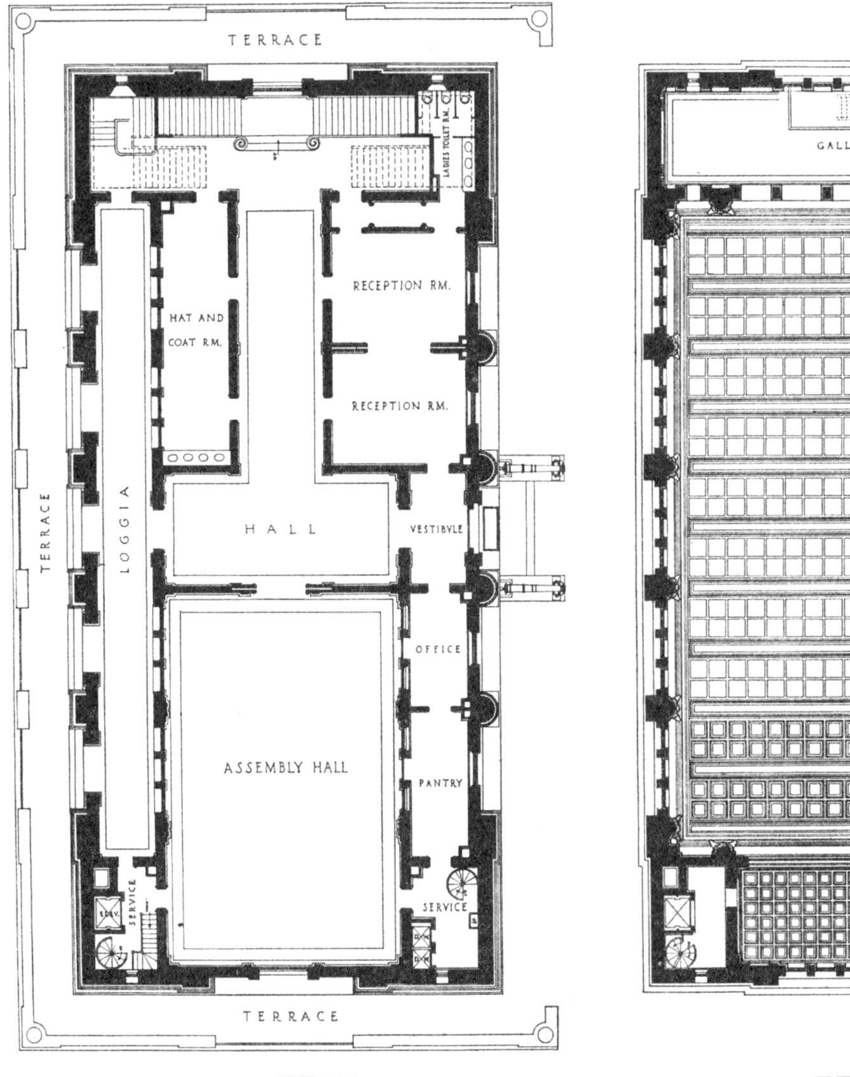

一层平面图

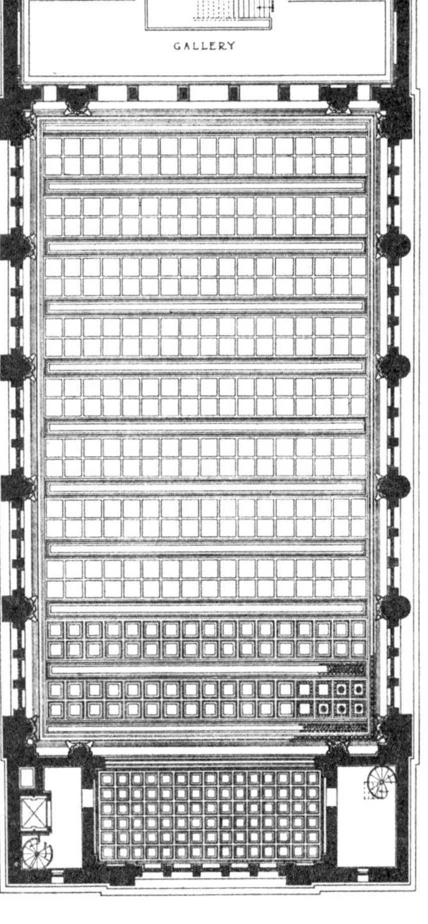

二层平面图

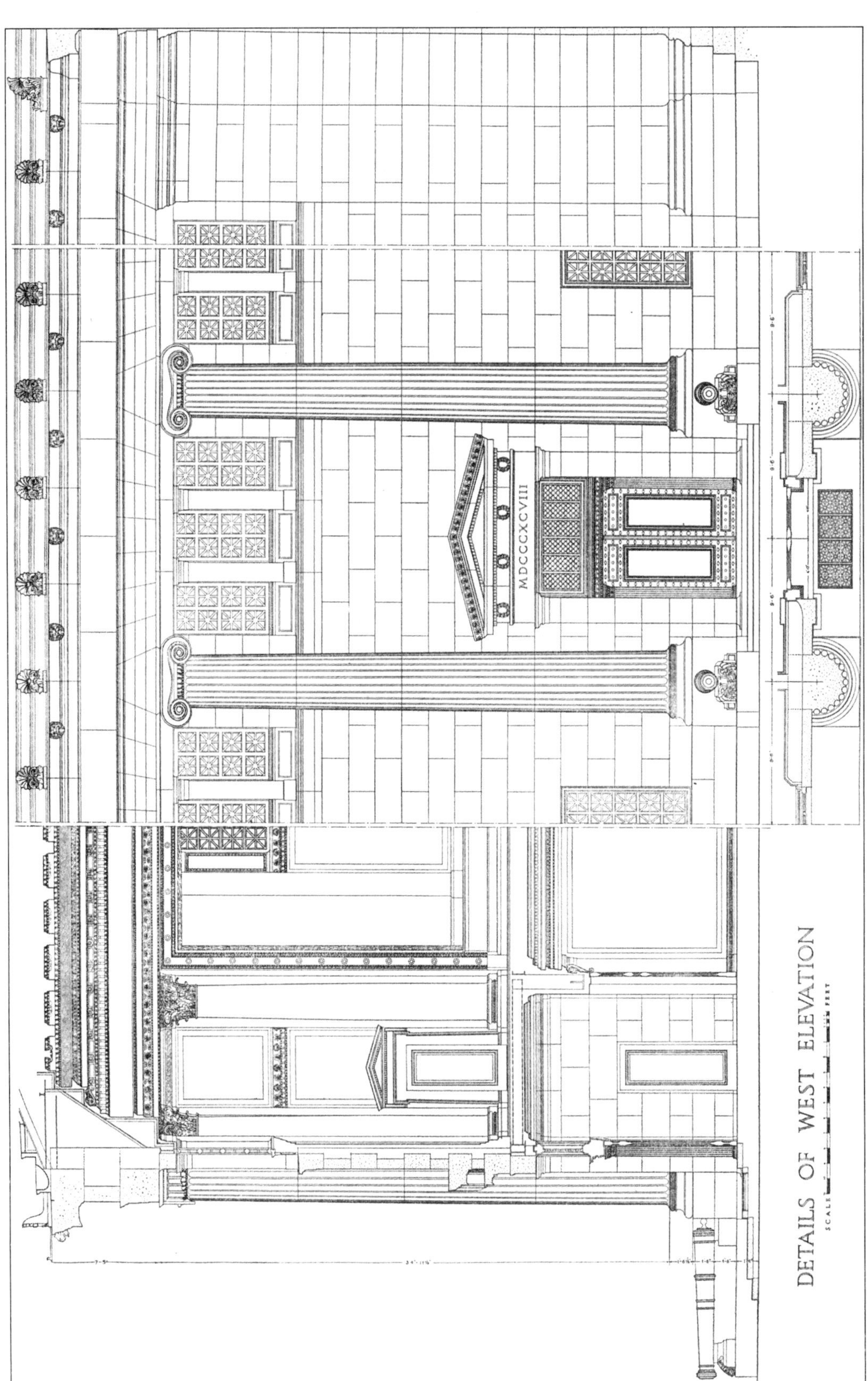

西立面详图

詹姆斯 • 古德温（James J. Goodwin）住宅

外观

立面图

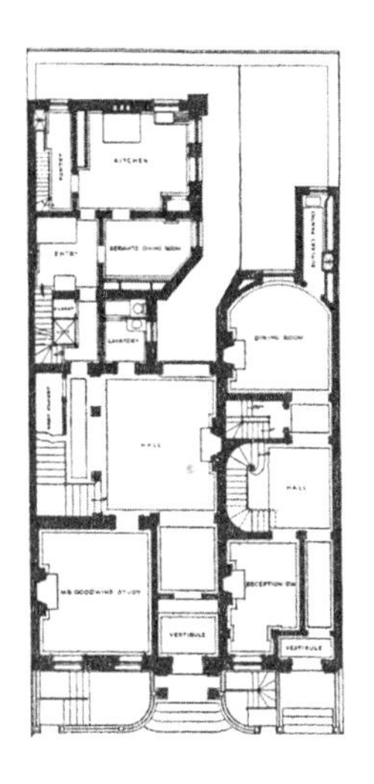

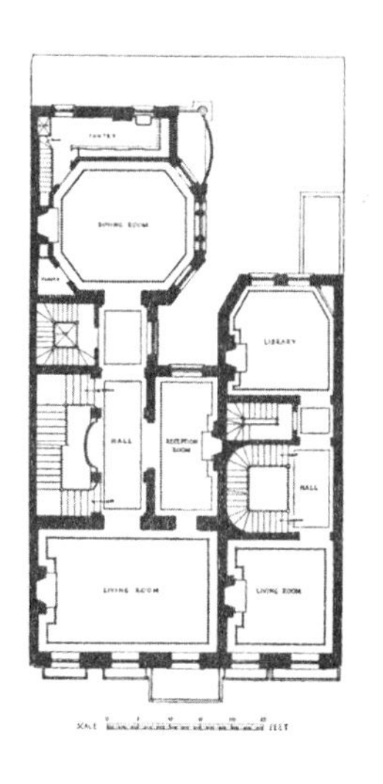

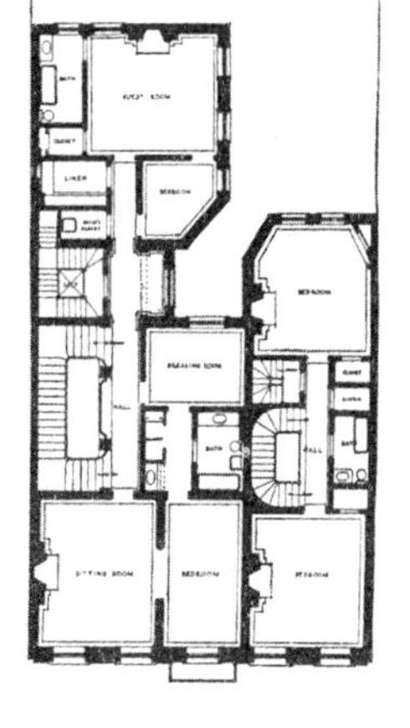

平面图

纽约 1898 年

拉德克利夫学院体育馆

正立面

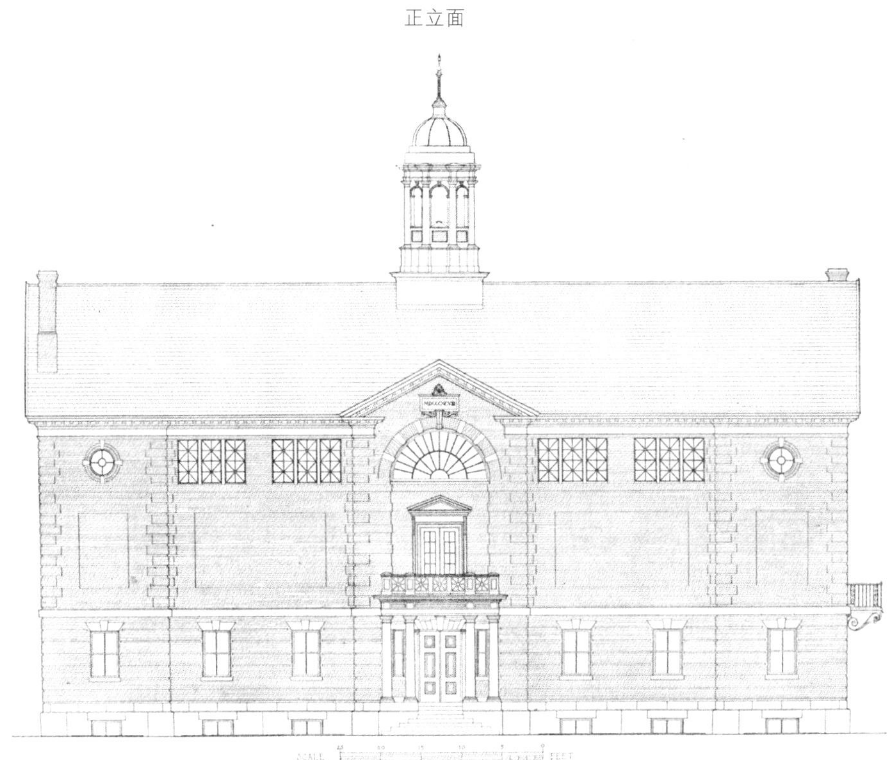

立面图

马萨诸塞州坎布里奇　1899 年

入口细节

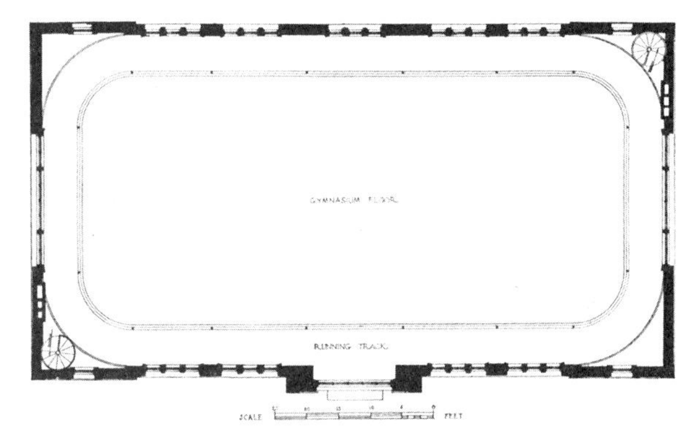

二层平面图

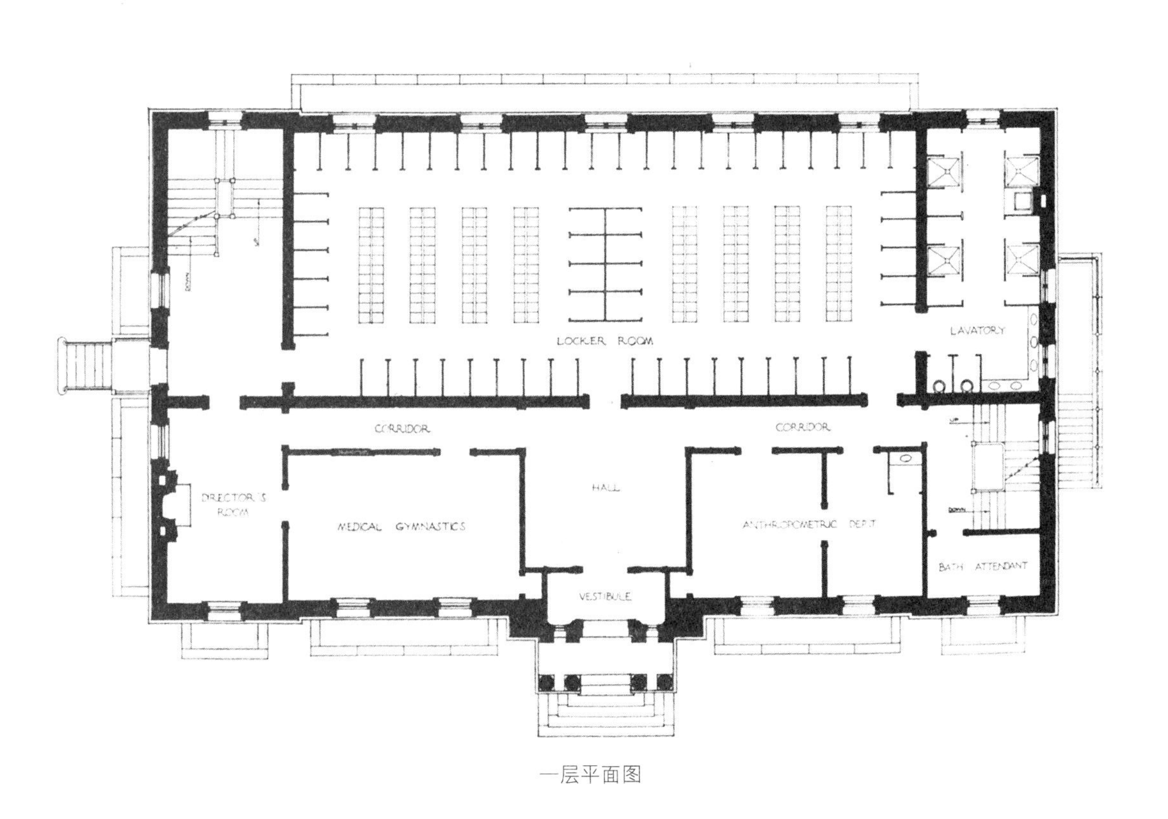

一层平面图

密歇根州储蓄银行

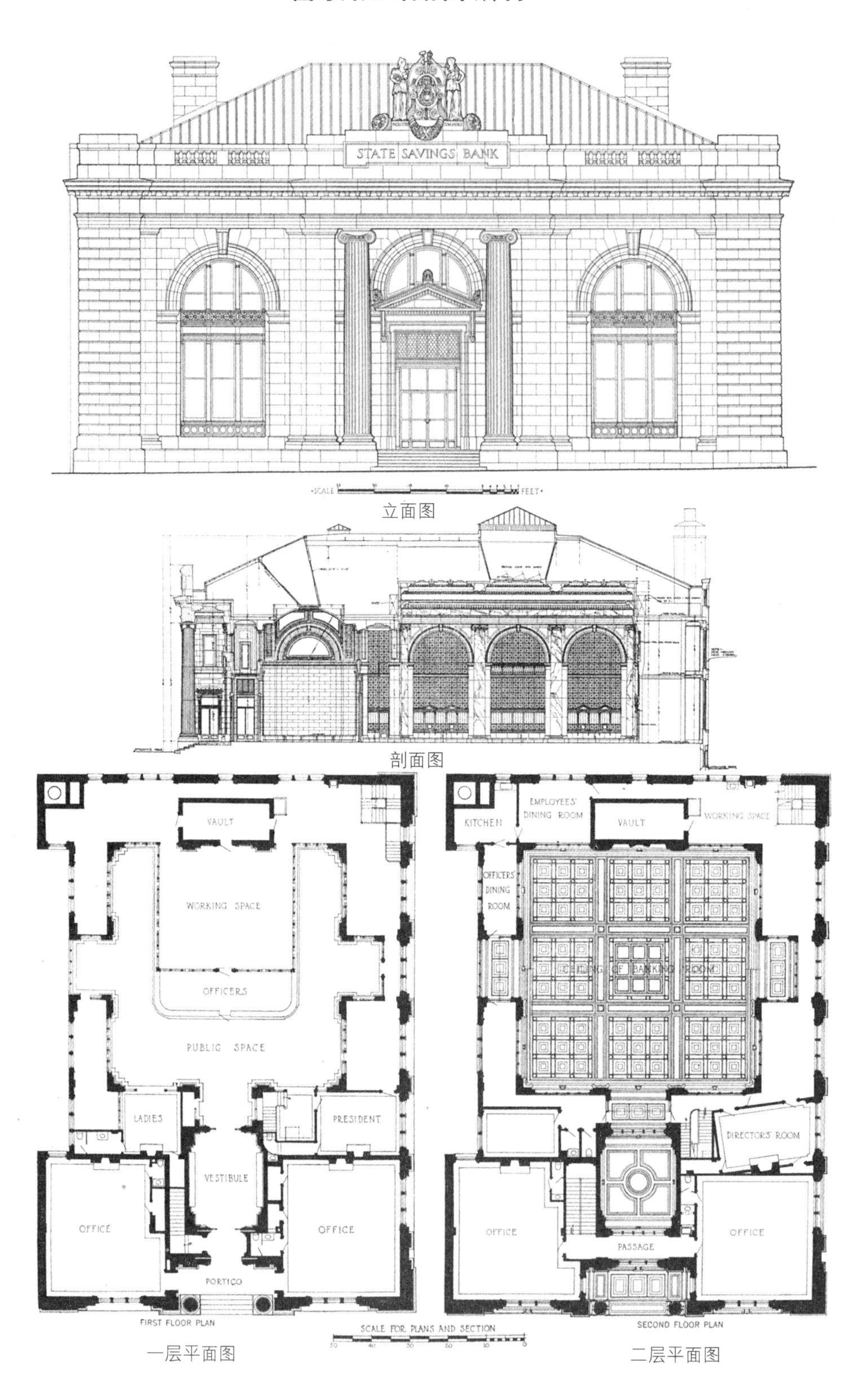

立面图

剖面图

一层平面图

二层平面图

密歇根州底特律 1900 年

外观

主入口大门

柜台隔屏细节

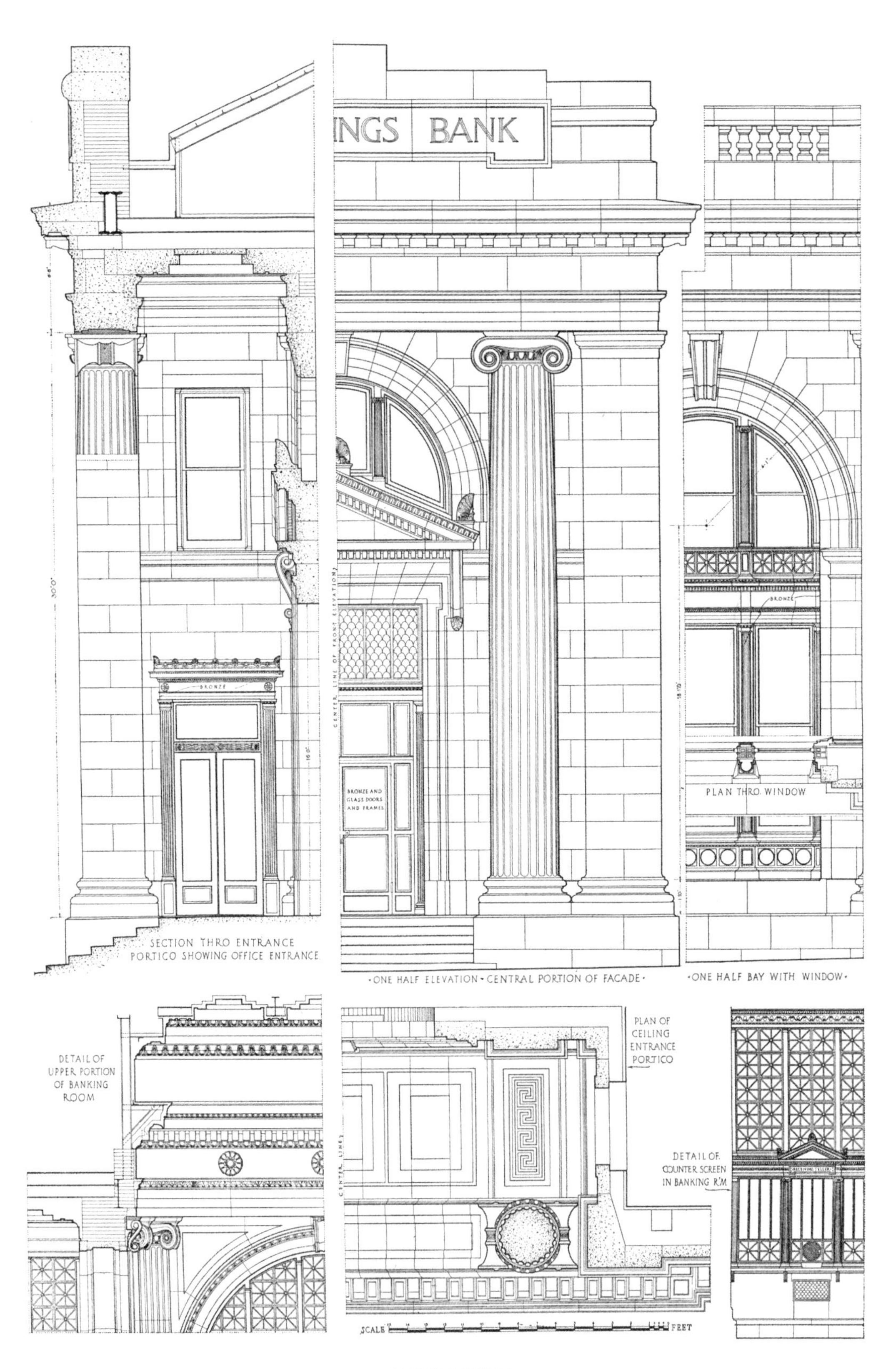
INGS BANK
BRONZE
BRONZE AND GLASS DOORS AND FRAMES
PLAN THRO WINDOW
SECTION THRO ENTRANCE PORTICO SHOWING OFFICE ENTRANCE
·ONE HALF ELEVATION·CENTRAL PORTION OF FACADE·
·ONE HALF BAY WITH WINDOW·
DETAIL OF UPPER PORTION OF BANKING ROOM
PLAN OF CEILING ENTRANCE PORTICO
DETAIL OF COUNTER SCREEN IN BANKING R'M
SCALE
FEET

外部和内部详图

大学俱乐部

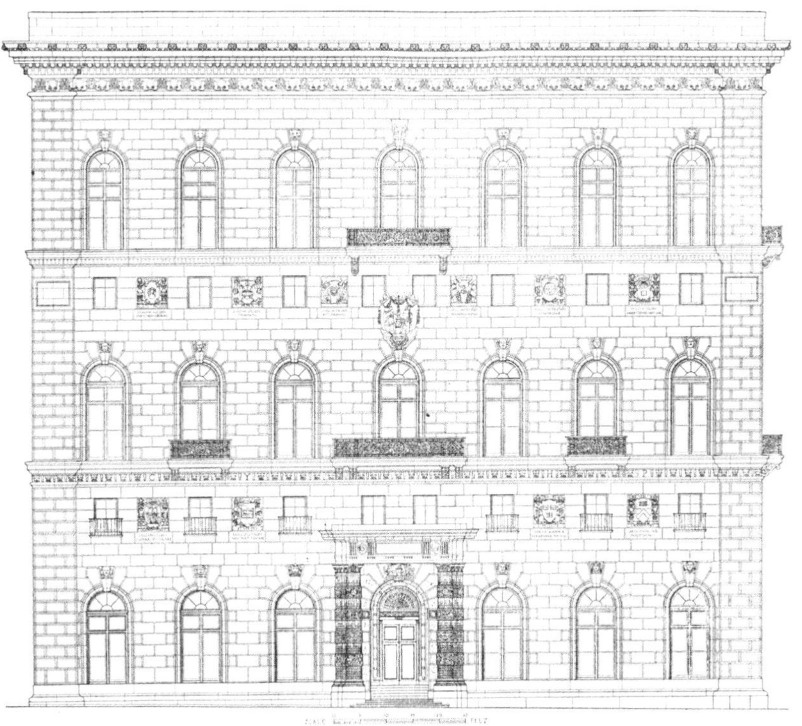

第 54 大街一侧立面图
纽约　1900 年

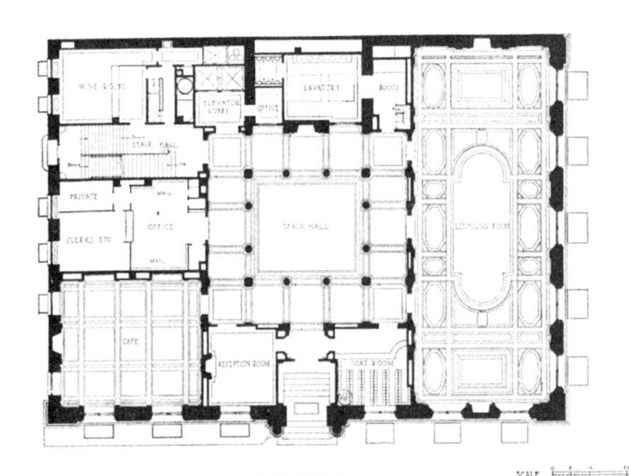

一层平面图

SCALE FEET.

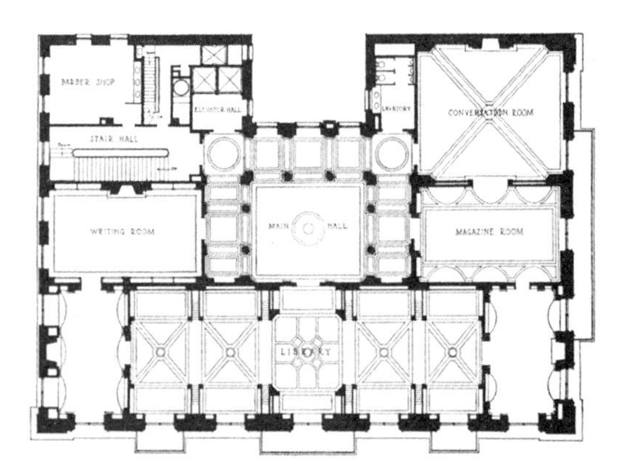

二层平面图

一层卧室平面布局图

三层平面图

入口大门

立面细节

CHRISTO
VE RI TAS
ET ECCLESIÆ
TERRAS
IRRADIENT
SECTION THRO' ENTRANCE
·PLAN·
SECTION·
·FIFTH AVE ELEVATION·
·MAIN ENTRANCE

外部石砌部分详图

二层大厅

一层大厅

主餐厅

一层休息室

图书馆概貌

图书馆细节

一层大厅壁炉

杂志室

莫布雷（Harry Siddons Mowbray）所作的天花装饰画作

议事厅

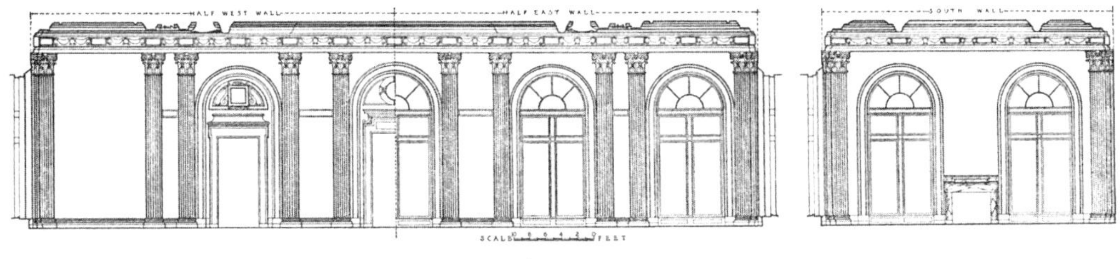

立面图

墙面和四分之一天花的详图

休息室详图

北墙的二分之一立面图，主餐厅天花部分的详图

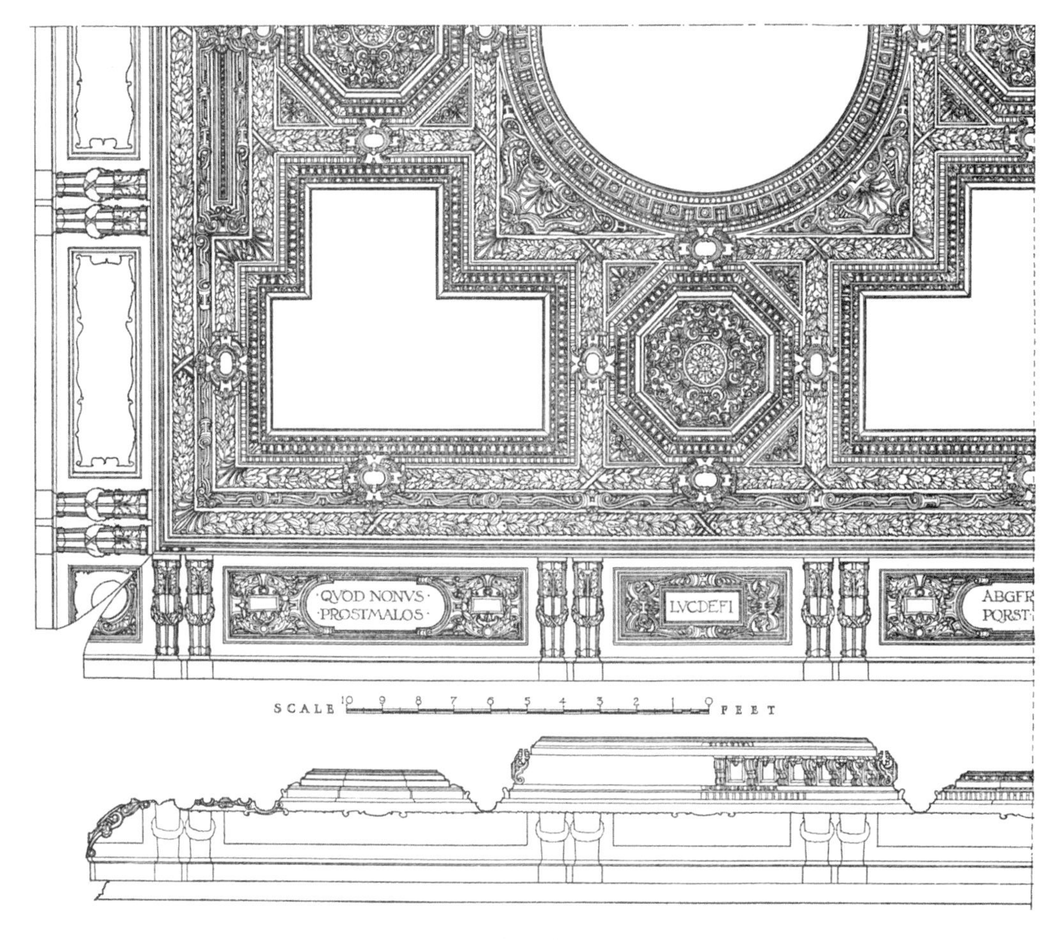

餐厅详图

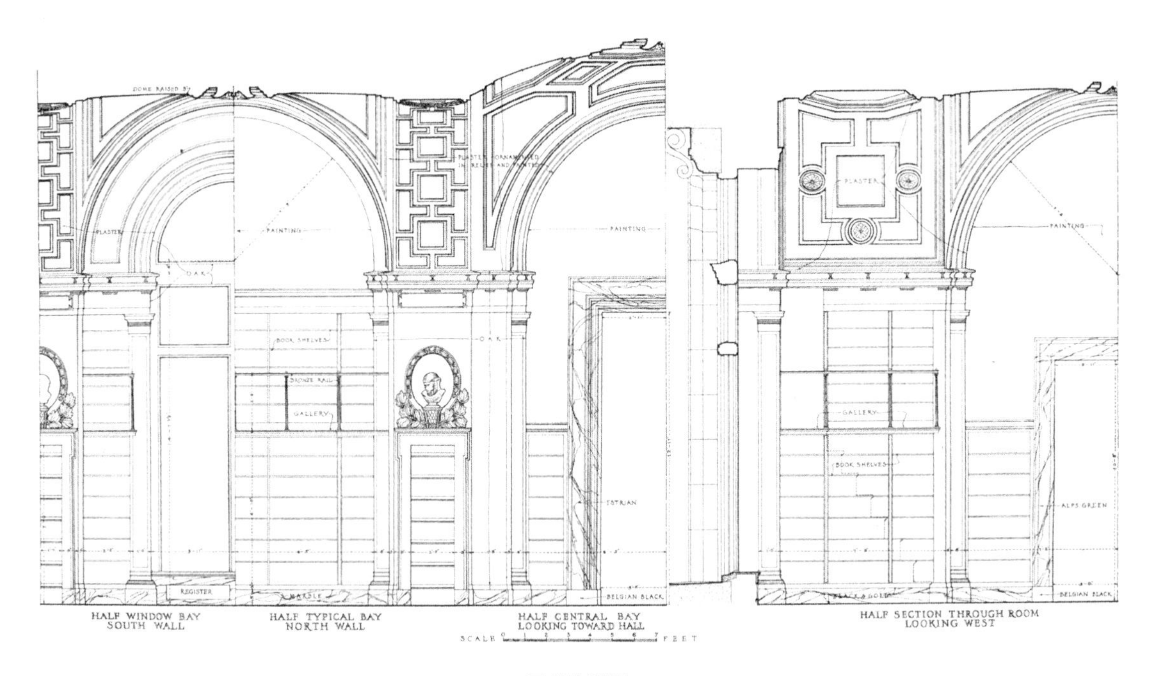

图书馆详图

一层大厅壁炉详图

波士顿交响乐厅

外观

内景

马萨诸塞州波士顿 1900 年

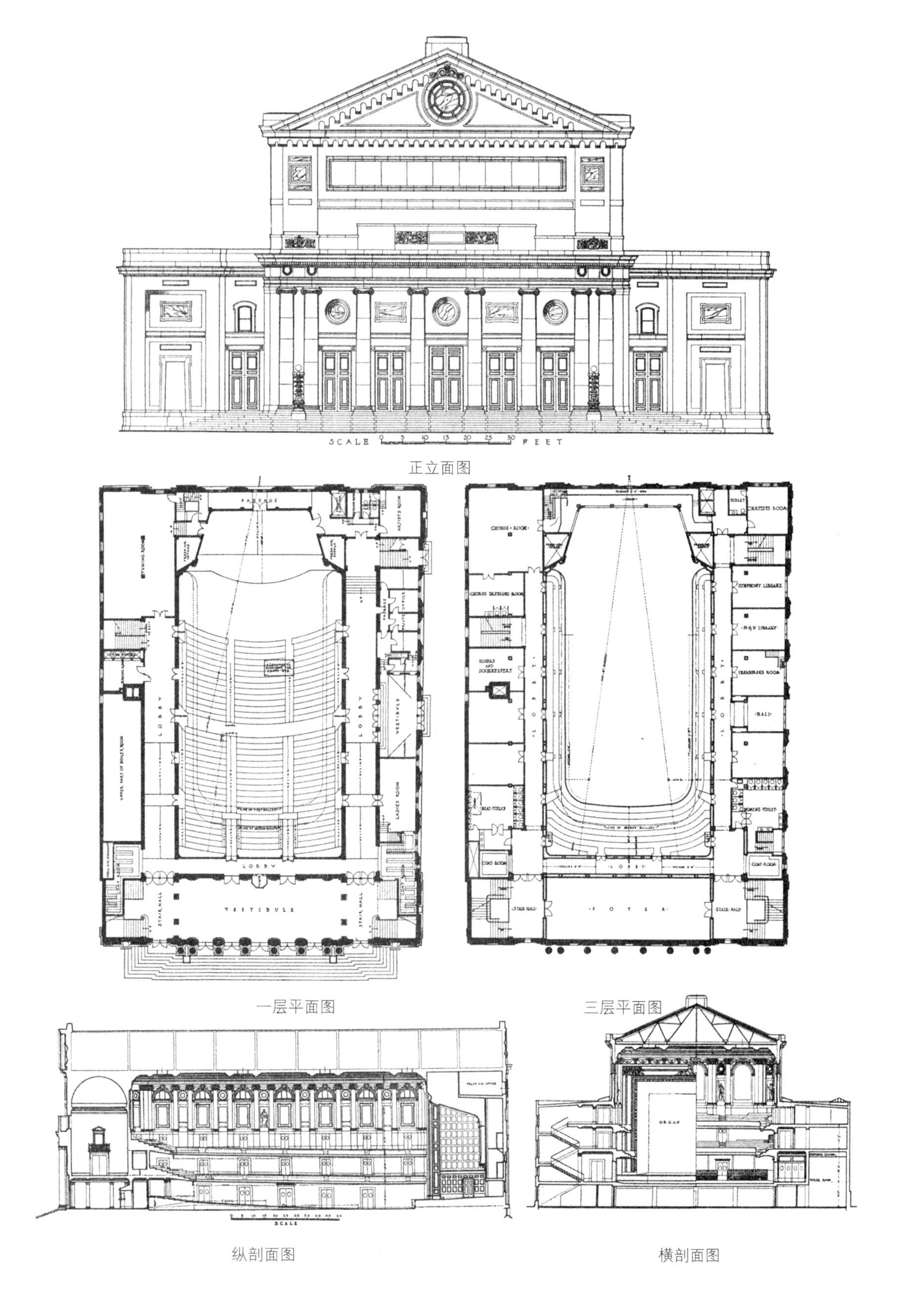

正立面图

一层平面图

三层平面图

纵剖面图

横剖面图

CORNER OF CLEAR STORY GABLE
SECTION THROUGH GABLE CORNICE ON LINE B-B'
CENTRAL PORTION OF CLEAR STORY GABLE
SECTION ON LINE A-A' ABOVE
SECTION ON LINE C-C'
LEVANTO MARBLE INSERTS
CENTER LINE OF FACADE
GLASS
GLASS
GLASS
GLASS
SECTION ON CENTER LINE
SCALE

正立面外部详图

波普（A. A. Pope）住宅

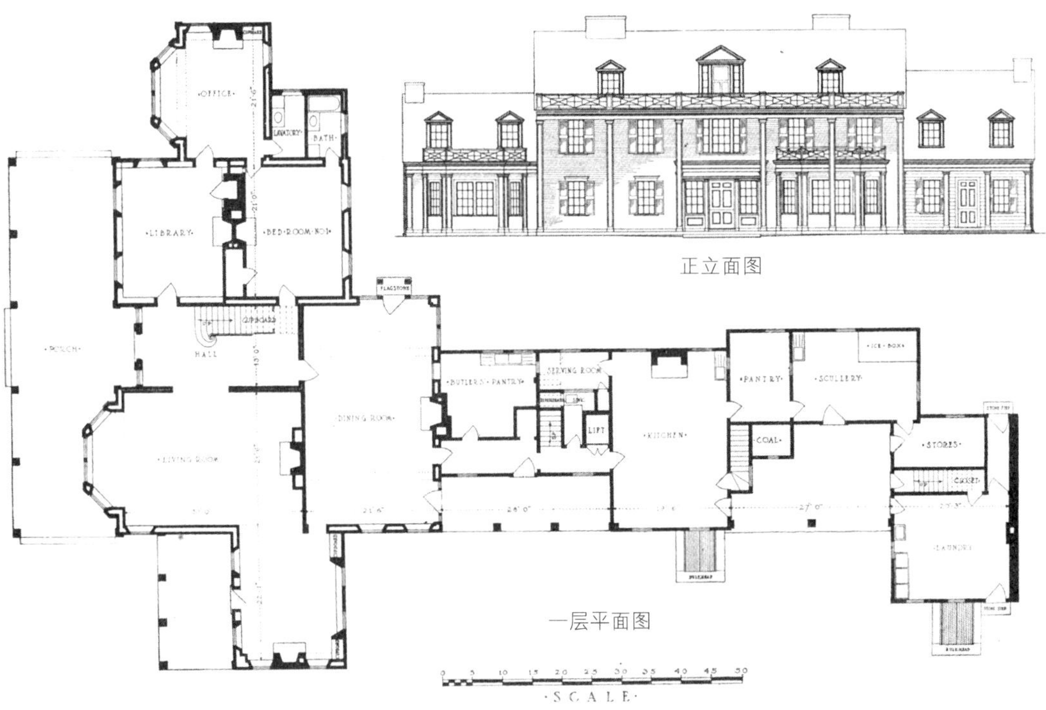

正立面图

一层平面图

康涅狄格州法明顿　1900 年

摩根（E. D. Morgan）庄园

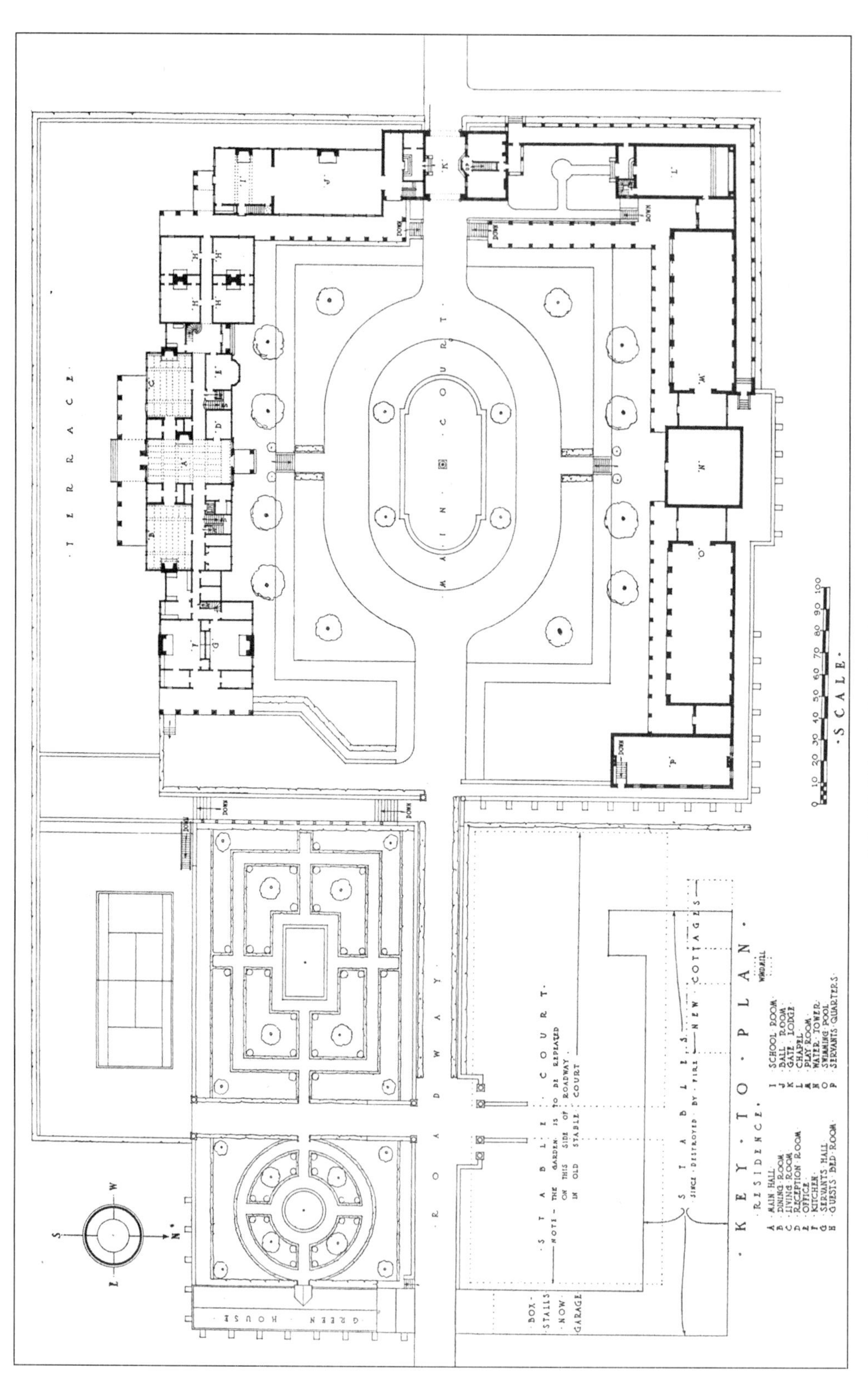

长岛惠特利山　始于1900年

住宅

小教堂

水塔

入口庭院

花园全景

立面图

哈佛大学纪念门

珀赛琳（Porcellian）俱乐部大门或麦基恩（McKean）纪念门

1877 届纪念门
马萨诸塞州坎布里奇 1900—1901 年

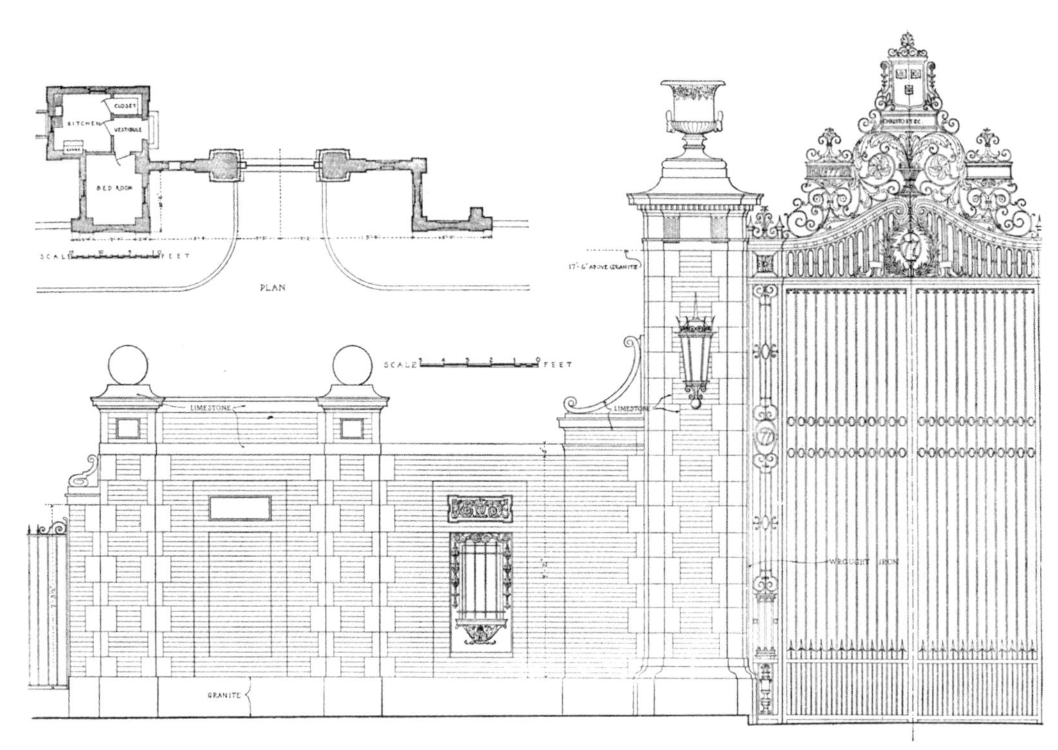

1877 届纪念门正立面图 和平面图

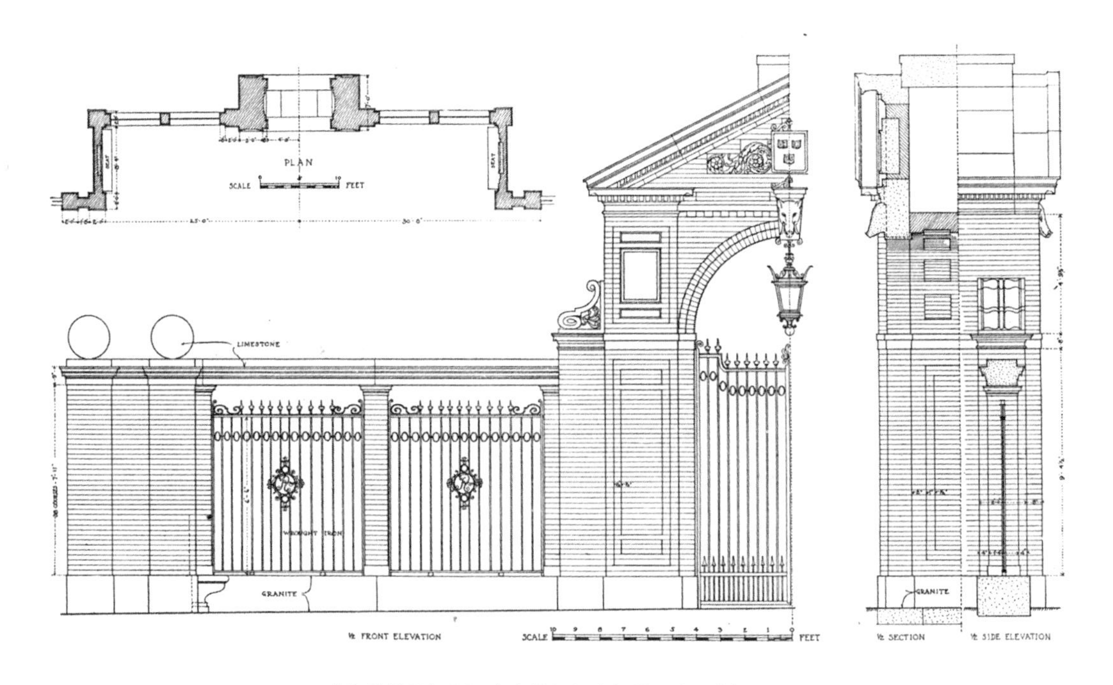

珀赛琳俱乐部大门或麦基恩纪念门平、立、剖面图

第四章

1901 年至 1905 年建筑设计作品

康奈尔大学医学院

全景

立面详图

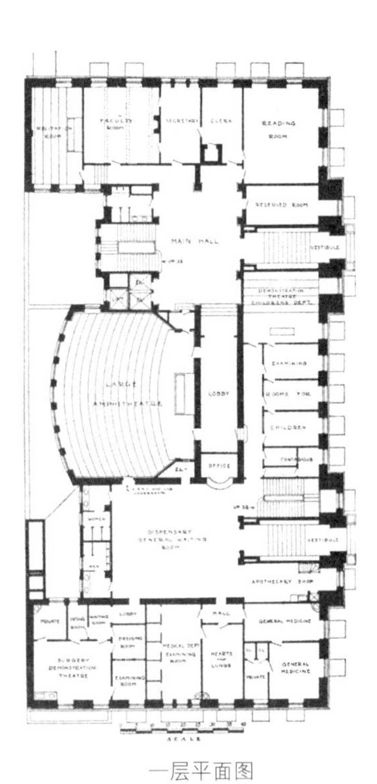

一层平面图

纽约 1901 年

哈佛大学

哈佛学生俱乐部

1879 届纪念门
马萨诸塞州坎布里奇

哈佛大学学生俱乐部

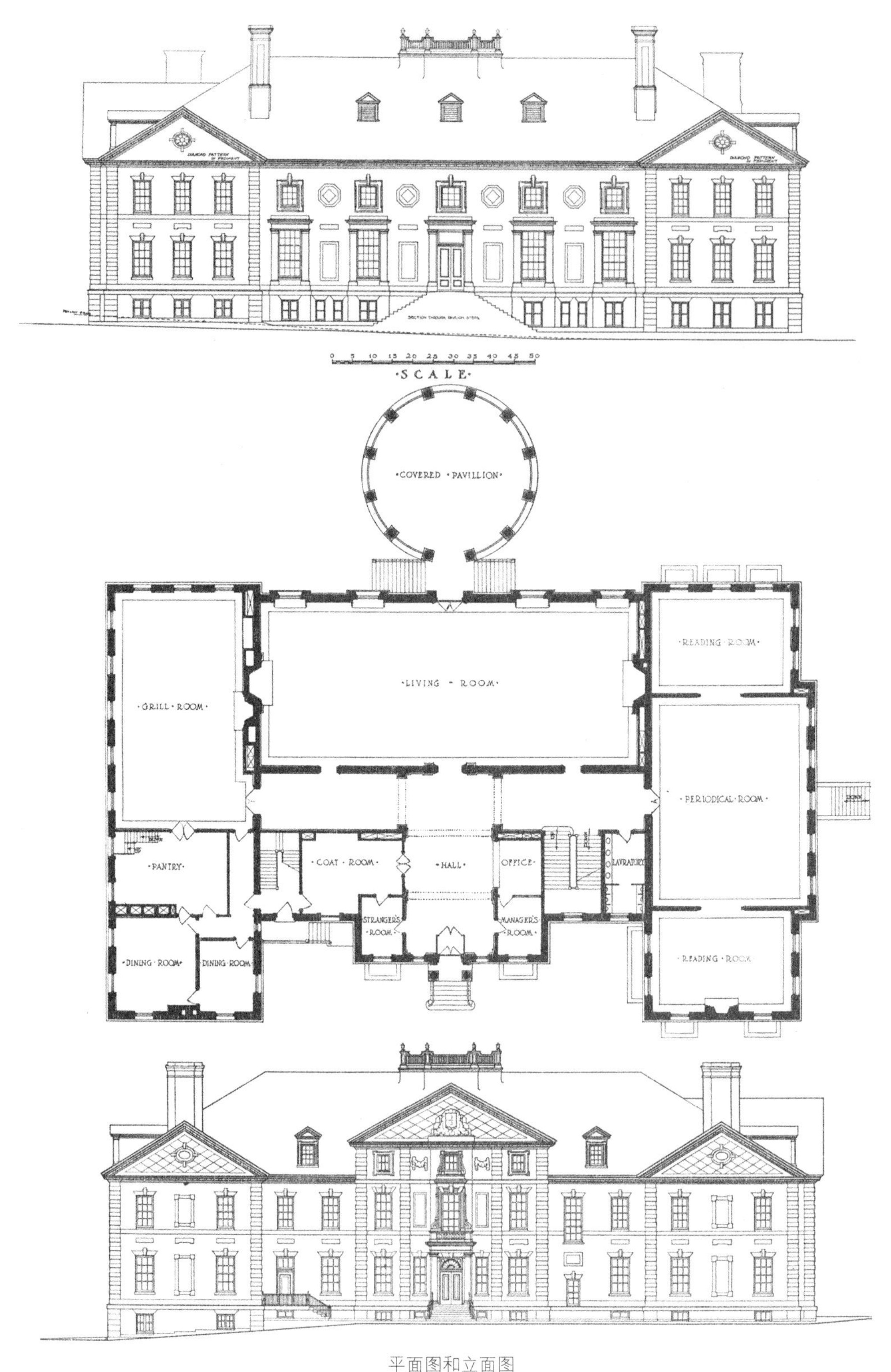

平面图和立面图

马萨诸塞州坎布里奇 1902 年

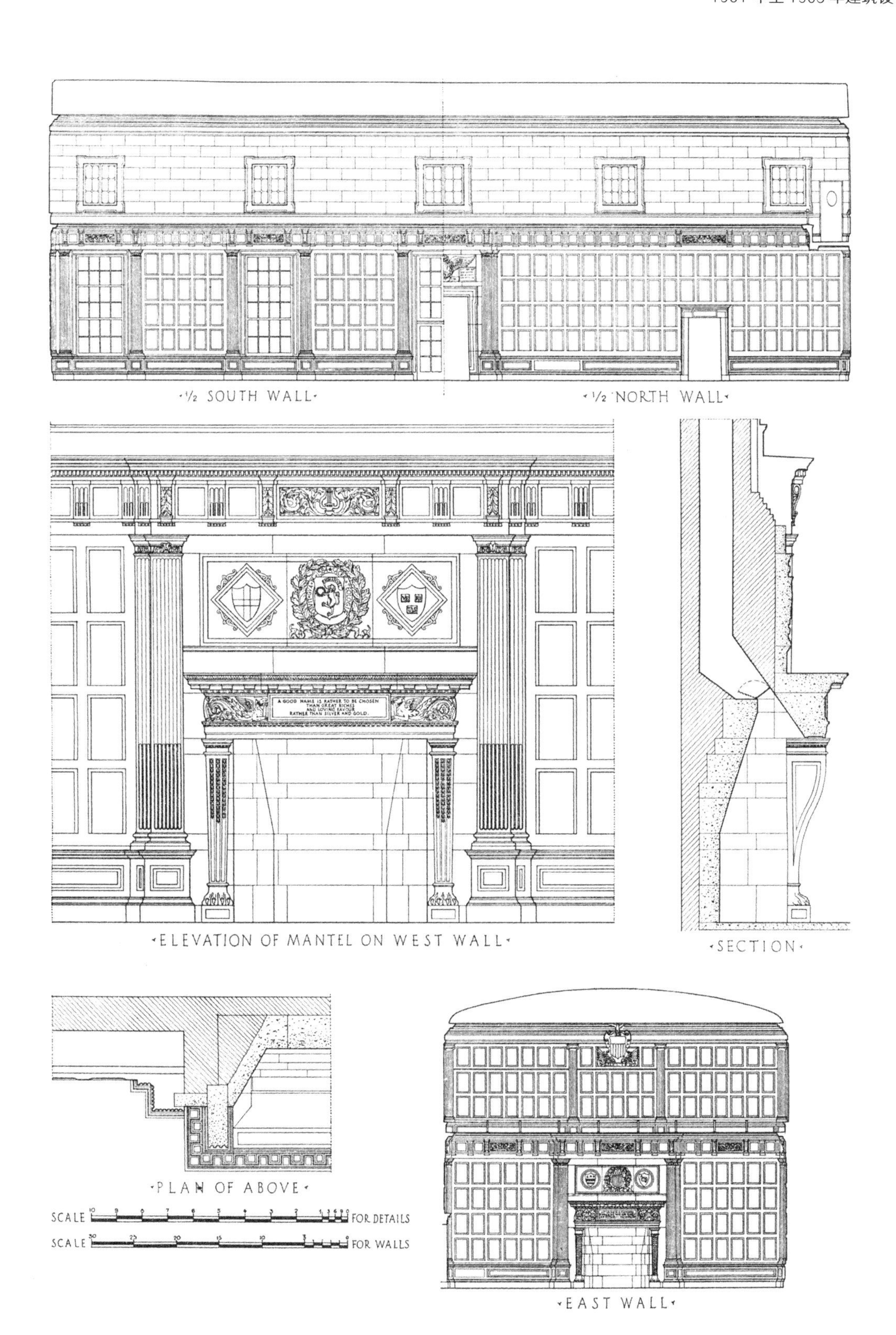
·1/2 SOUTH WALL·
·1/2 NORTH WALL·
A GOOD NAME IS RATHER TO BE CHOSEN
THAN GREAT RICHES
AND LOVING FAVOUR
RATHER THAN SILVER AND GOLD.
·ELEVATION OF MANTEL ON WEST WALL·
·SECTION·
·PLAN OF ABOVE·
SCALE
FOR DETAILS
SCALE
FOR WALLS
·EAST WALL·

起居室详图

托马斯·克拉克（Thomas B. Clarke）住宅

纽约 1902 年

菲利普·罗林斯（Philip A. Rollins）住宅

纽约 1902 年

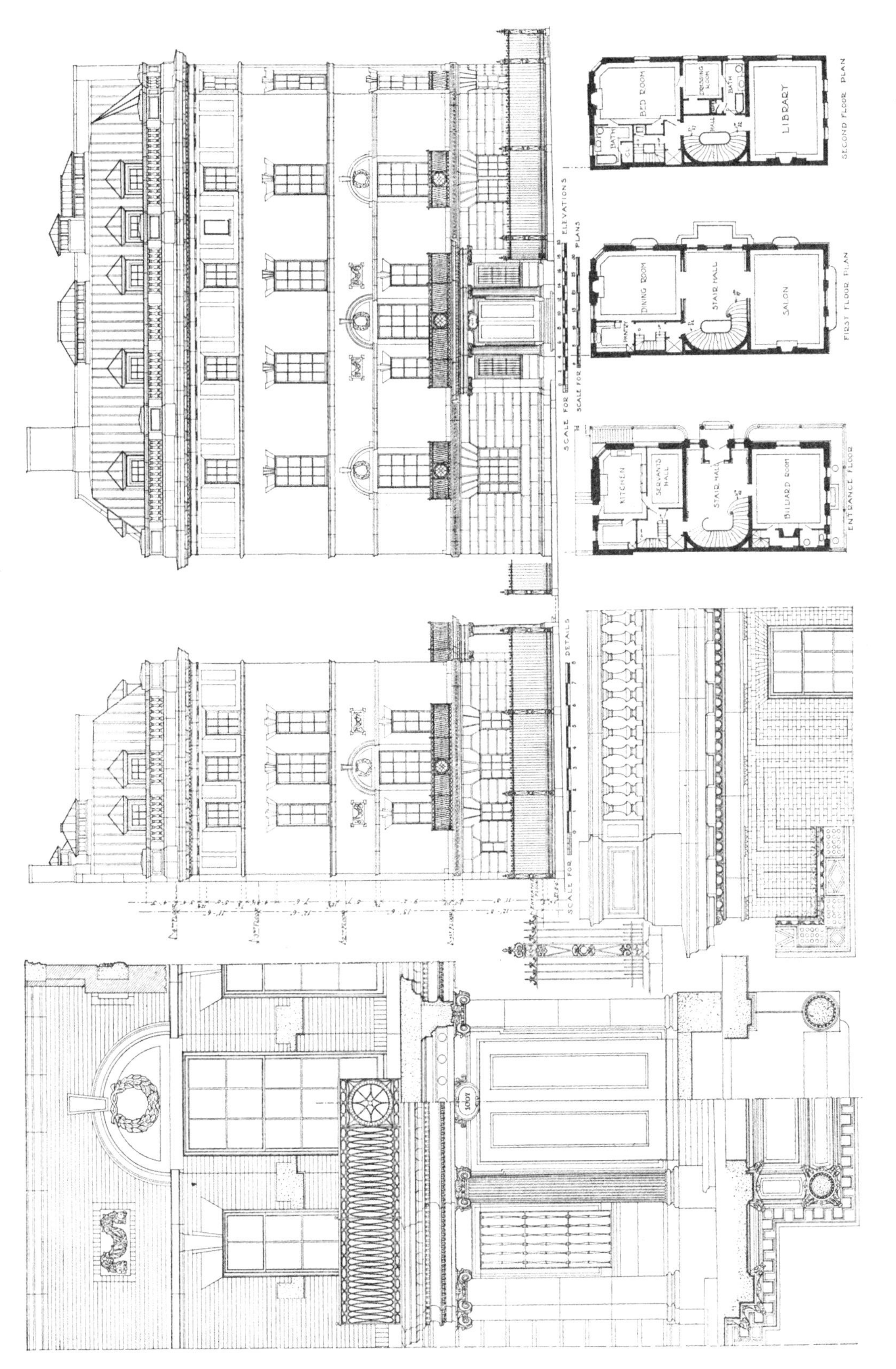
BED ROOM
DRESSING ROOM
BATH
HALL
LIBRARY
SECOND FLOOR PLAN
DINING ROOM
STAIR HALL
SALON
FIRST FLOOR PLAN
KITCHEN
SERVANTS HALL
BILLIARD ROOM
ENTRANCE FLOOR
SCALE FOR ELEVATIONS
SCALE FOR PLANS
SCALE FOR DETAILS
1007

平面图、立面图和详图

罗伯特·古尔德·肖（Robert Gould Shaw）纪念碑

平、立、剖面图
马萨诸塞州波士顿 1897 年

正对着州政府大厦的一面

对着波士顿公园的一面

1902 年

“海港山”麦凯（C. H. Mackay）住宅

入口正面

入口台阶

大门细节

长岛罗斯林　1902 年

石室

餐厅

楼梯厅

门厅

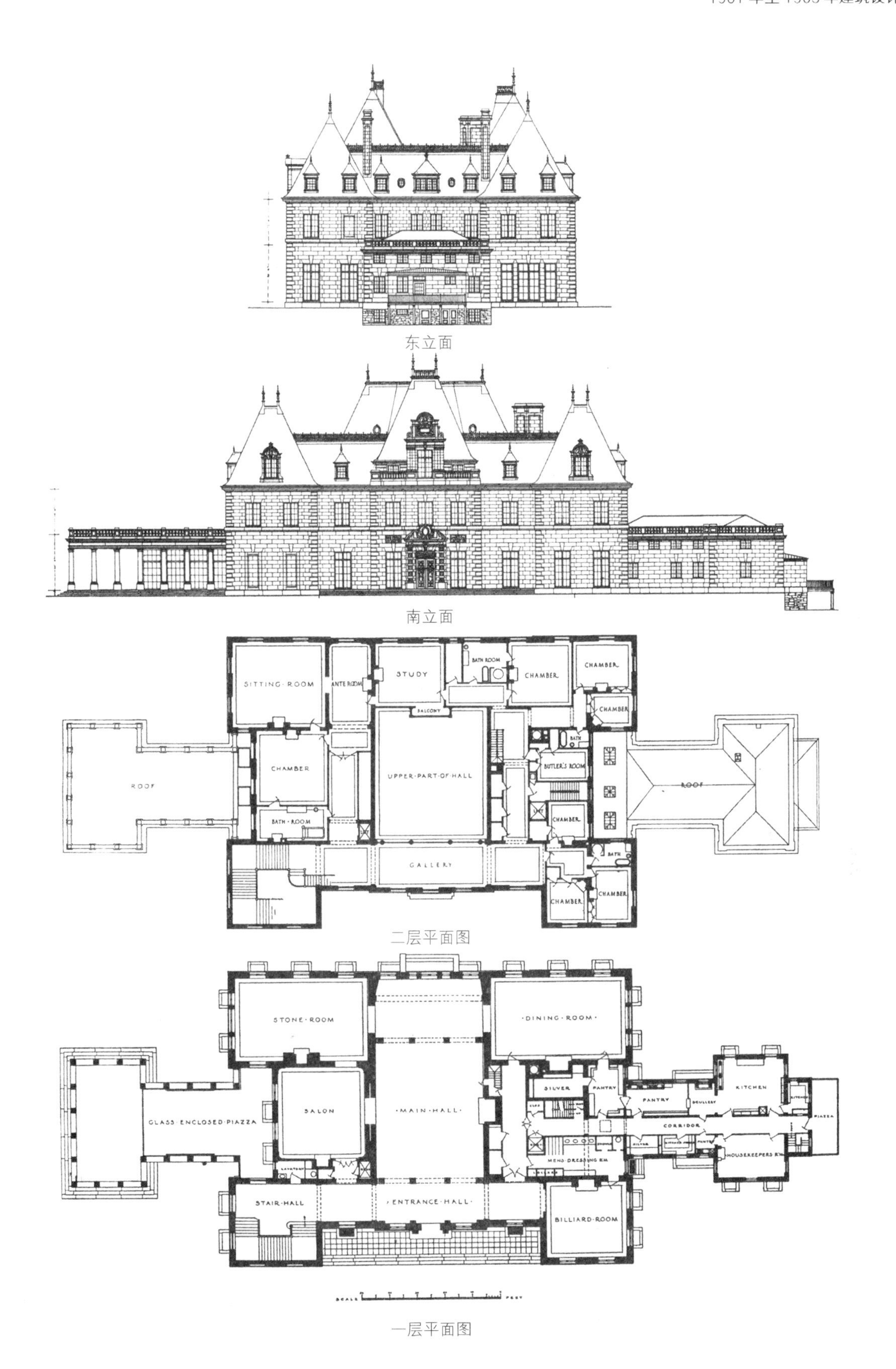

东立面

南立面

二层平面图

一层平面图

ELEVATION AND SECTION OF SMALLER DORMERS
COPPER GUTTER
SLATE ROOF
COPPER GUTTER
SECTION THRO WINDOW AT SIDE OF CENTRAL DORMER
SECTION THRO CENTRAL DOOR ON CENTER LINE
STONE WORK OF INDIANA BLUE LIMESTONE
ELEVATION OF CENTRAL FEATURE OF FACADE
SCALE
FEET

外部详图

厄尔里克斯（Mrs. Oelrichs）住宅

内院

楼梯厅

罗得岛新港　1902 年

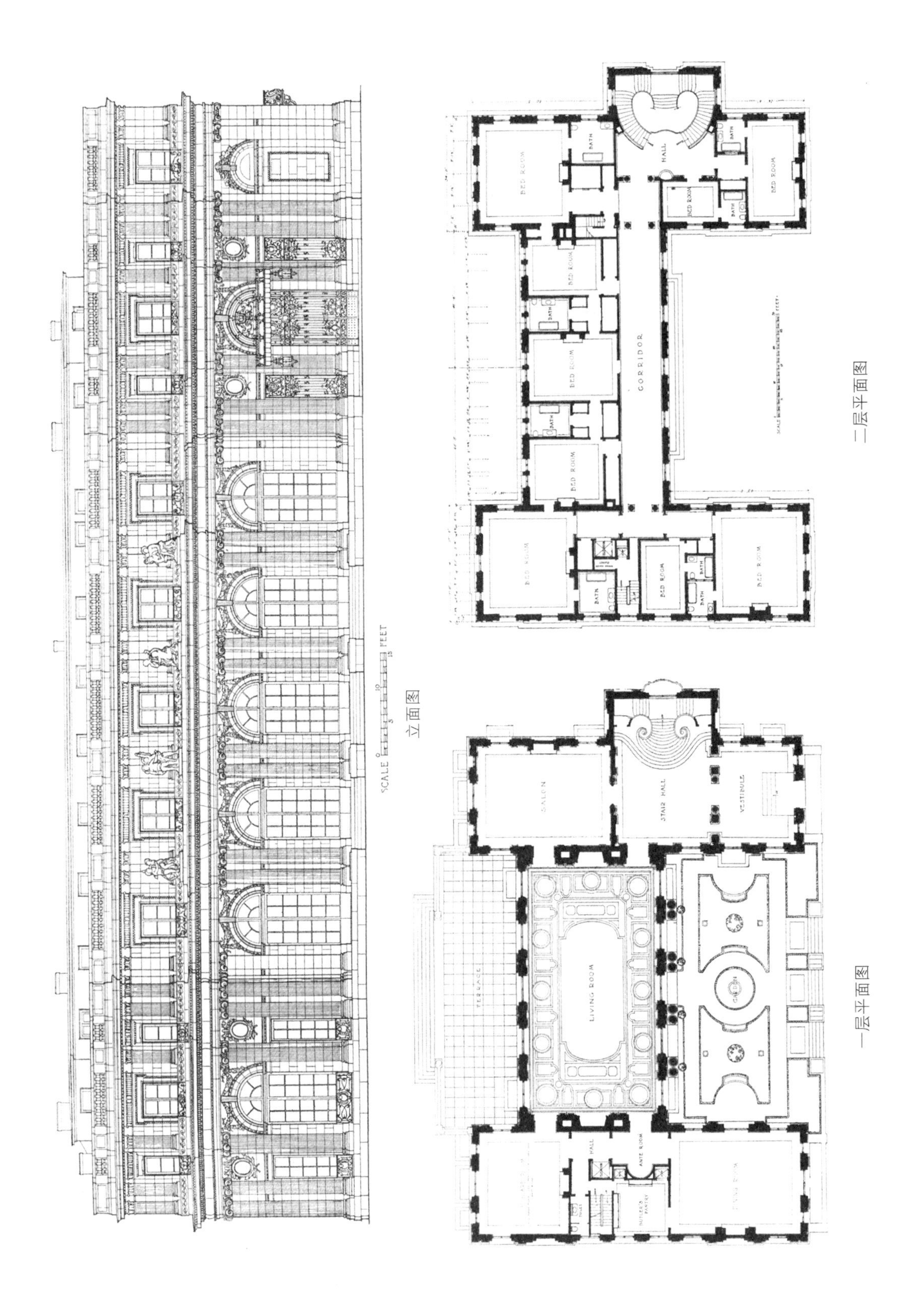

立面图

二层平面图

一层平面图

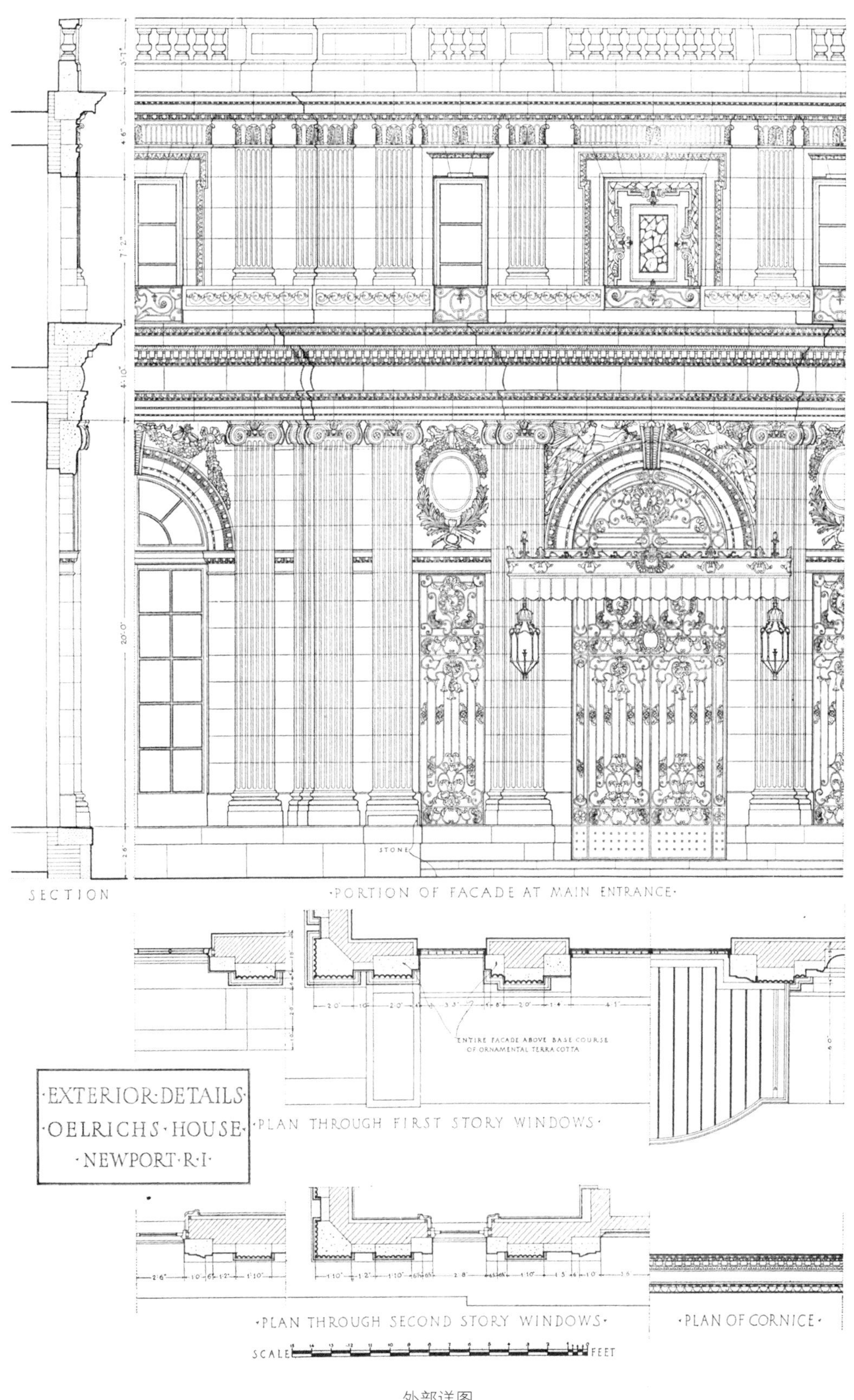
SECTION
·PORTION OF FACADE AT MAIN ENTRANCE·
STONE
ENTIRE FACADE ABOVE BASE COURSE OF ORNAMENTAL TERRA COTTA
·EXTERIOR·DETAILS·
·OELRICHS·HOUSE·
·NEWPORT·R·I·
·PLAN THROUGH FIRST STORY WINDOWS·
·PLAN THROUGH SECOND STORY WINDOWS·
·PLAN OF CORNICE·
SCALE
FEET

外部详图

白宫

东侧一层平房的入口

建筑平面图和东侧一层平房
增建和重建部分
华盛顿特区 1903 年

蓝厅

门厅
翻修部分

东厅详图

餐厅详图
改建部分

约瑟夫·普利策（Joseph Pulitzer）住宅

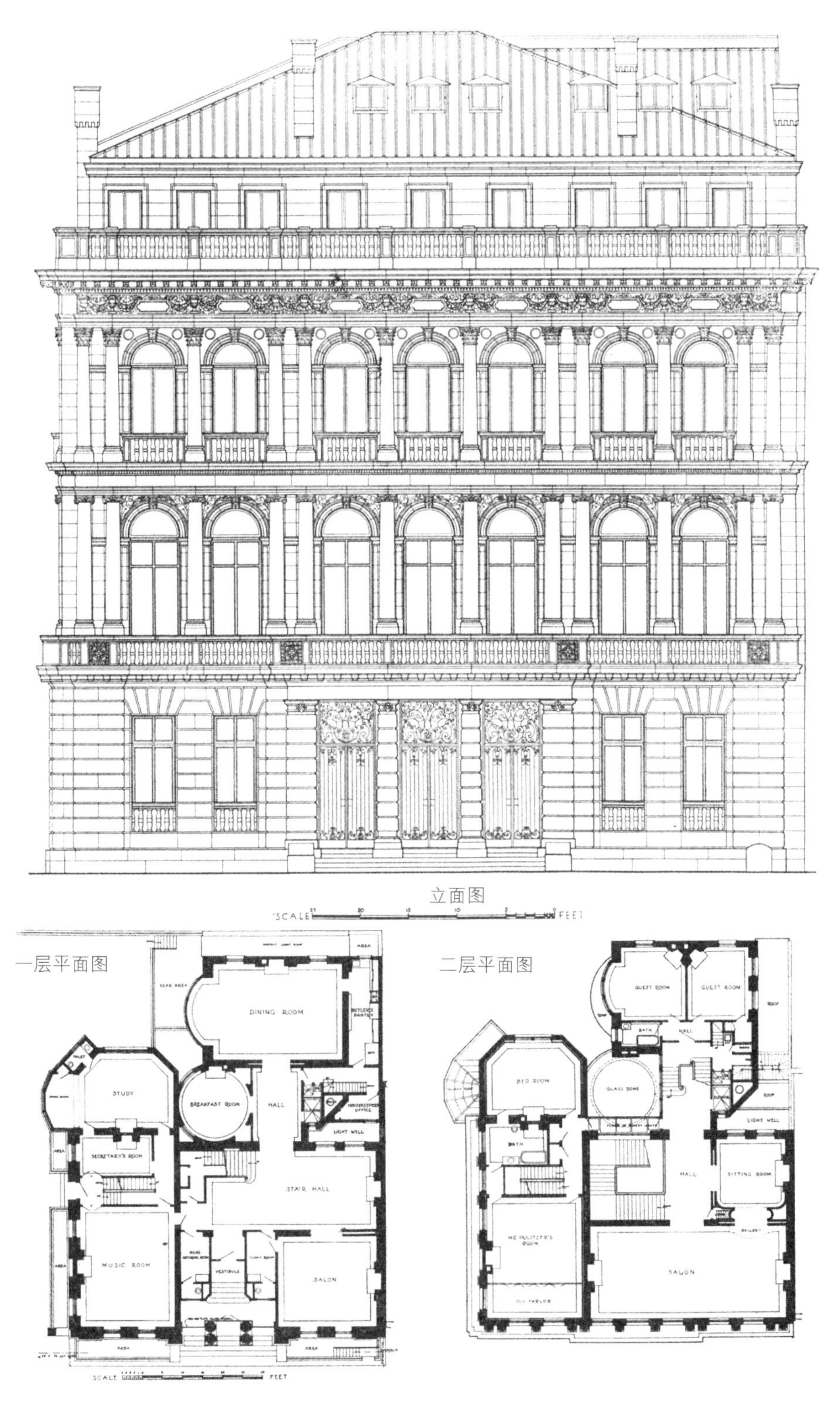

纽约 1903 年

外观

早餐室

餐厅

二层大厅

罗得岛州议会大厦

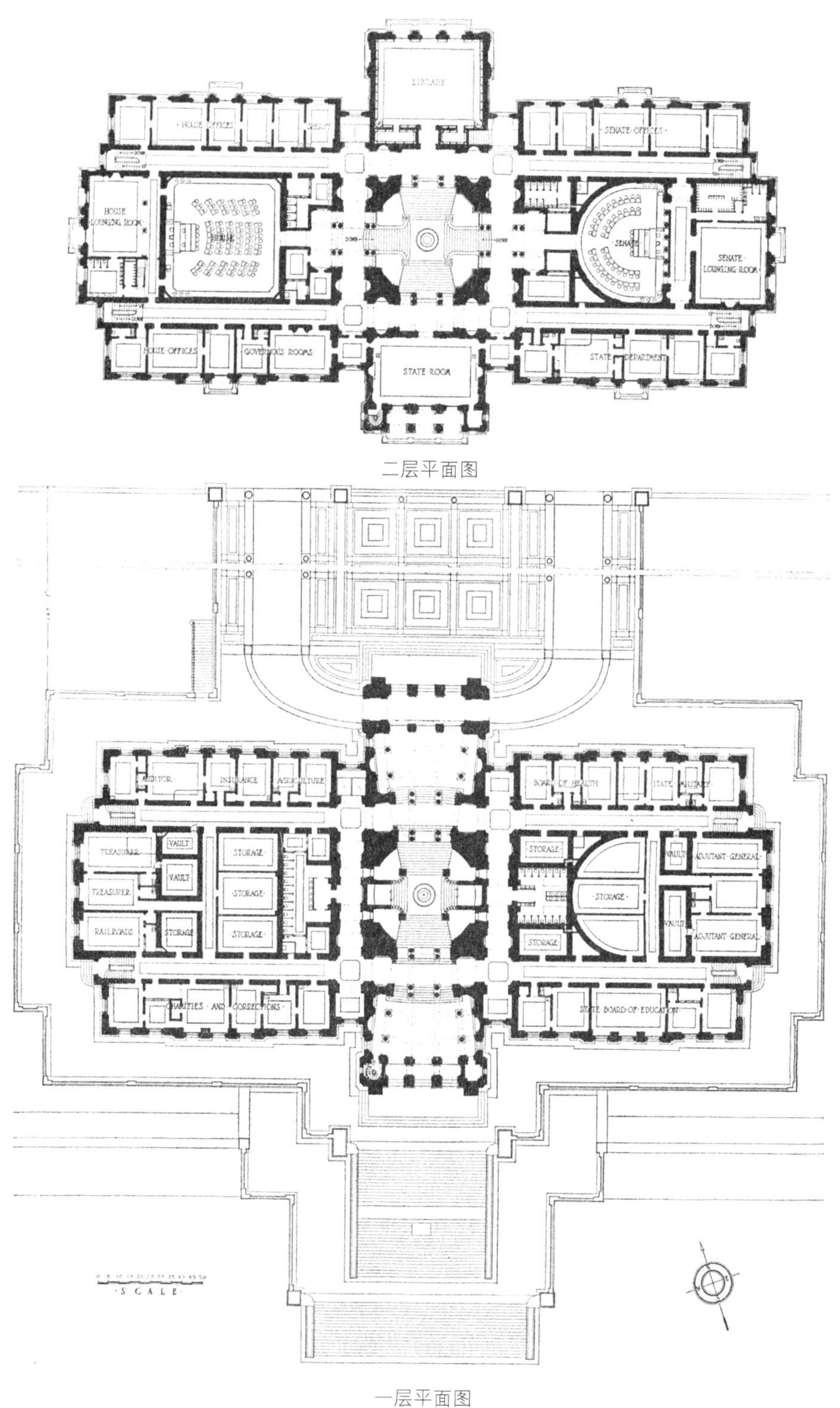

二层平面图

一层平面图

罗得岛普罗维登斯

始于 1895 年　建成于 1903 年

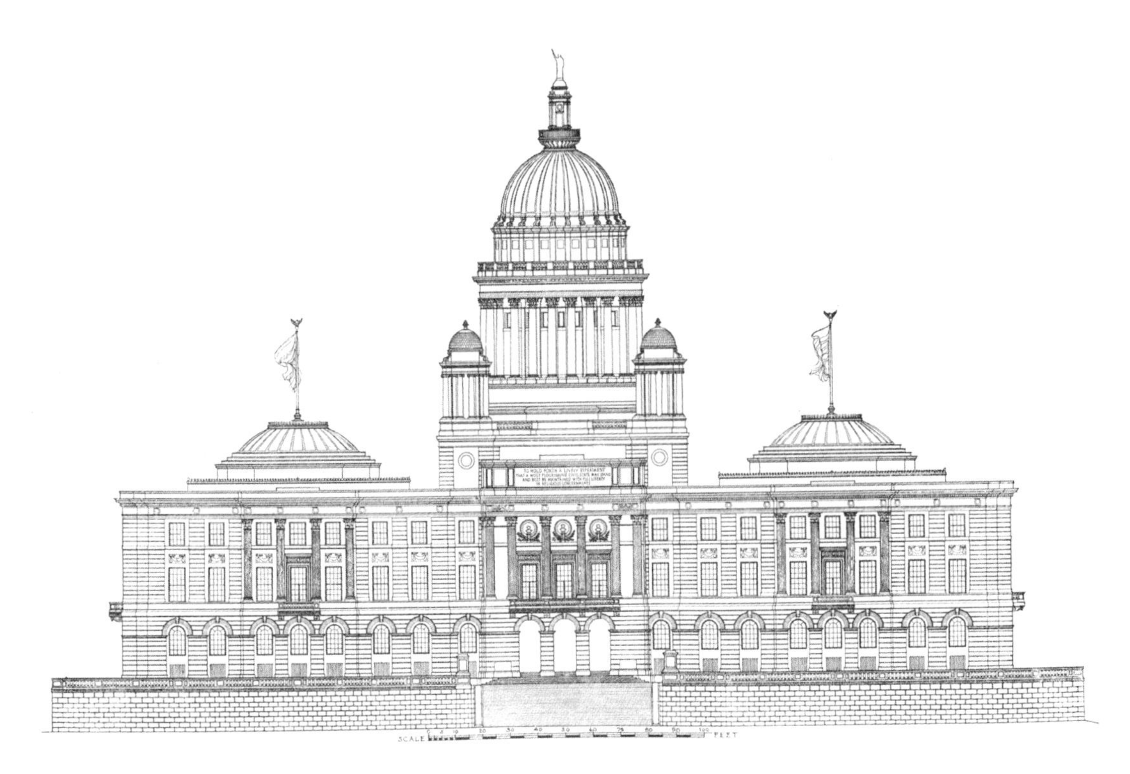

正立面图

SAME AS BELOW
SAME AS ABOVE
BRONZE
BRICK ARCH
0 5' 10' 15' 20' 25' 30' 35' 40' 45' 50'
·S C A L E·

圆形大厅剖面图

圆形建筑的楼梯

主入口细节

参议院大厅

圆形建筑上部

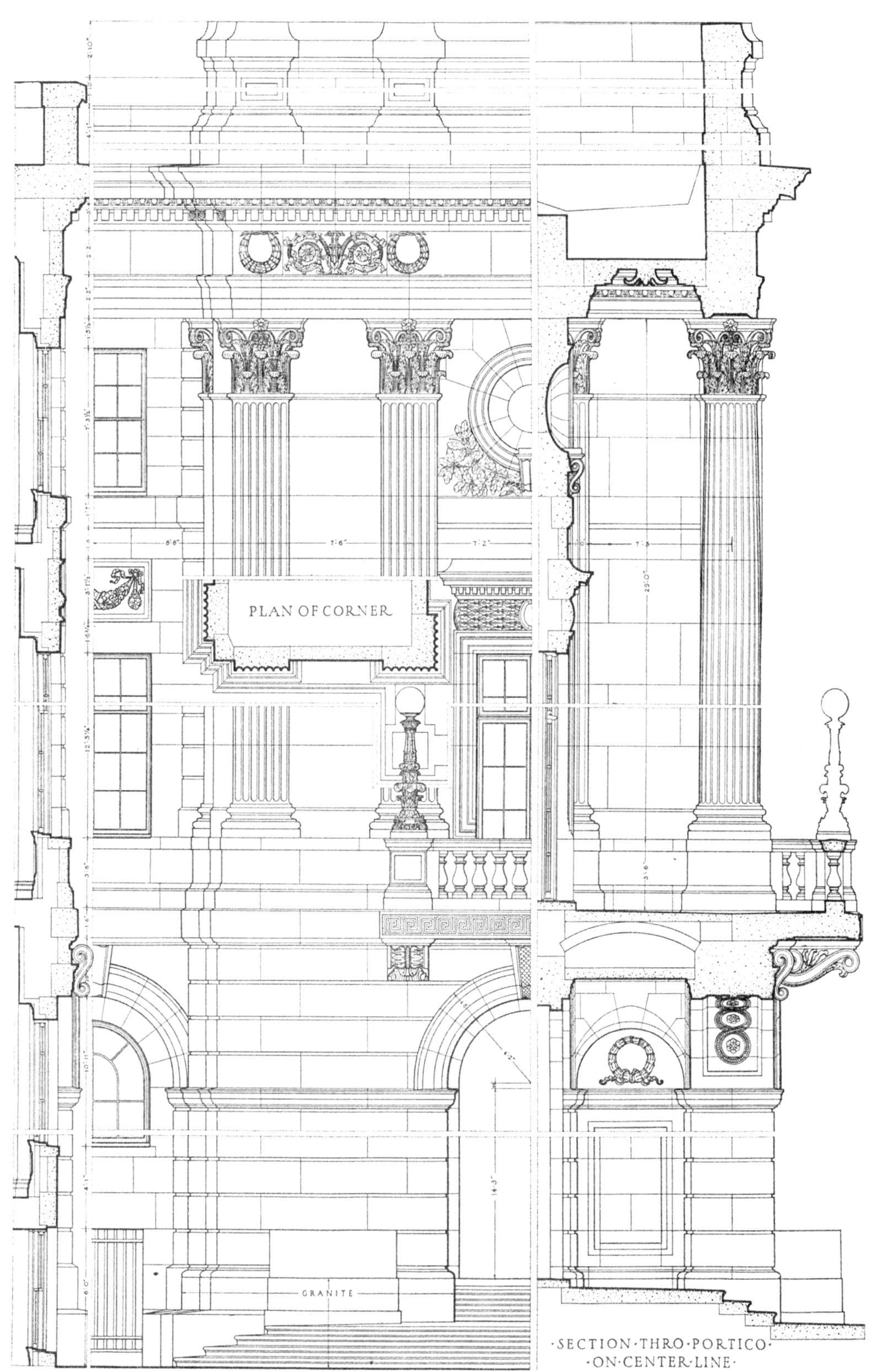
PLAN OF CORNER
GRANITE
·SECTION·THRO·PORTICO·
·ON·CENTER·LINE·
·DETAIL·OF·CENTRAL·PORTION·OF·SOUTH·ELEVATION·
SCALE
FEET

南（主）立面中间部分详图

查尔斯•达纳•吉布森（C. D. Gibson）住宅

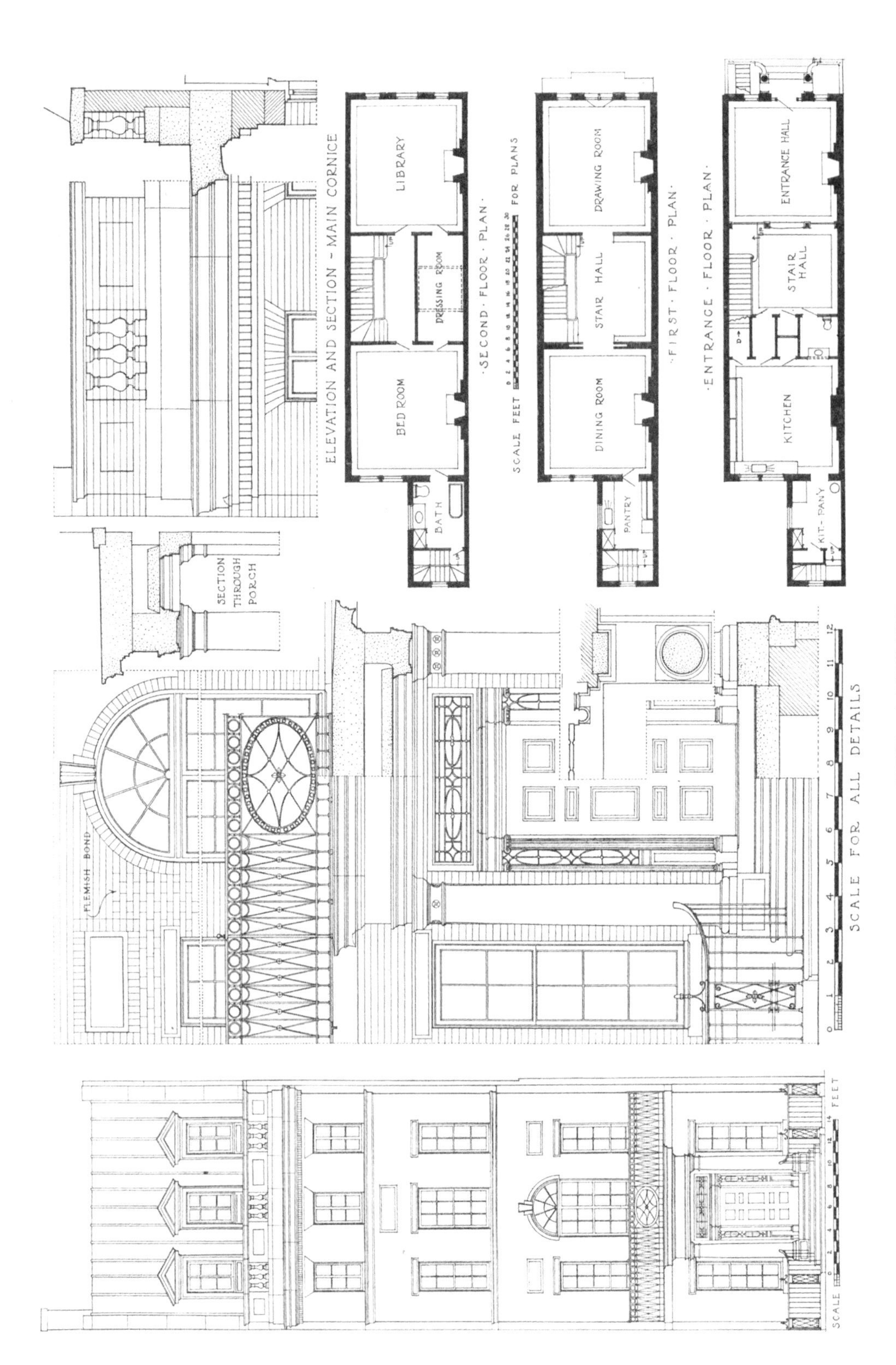

平面图、立面图和详图
纽约 1903年

外观

起居室

圣巴多罗买教堂门

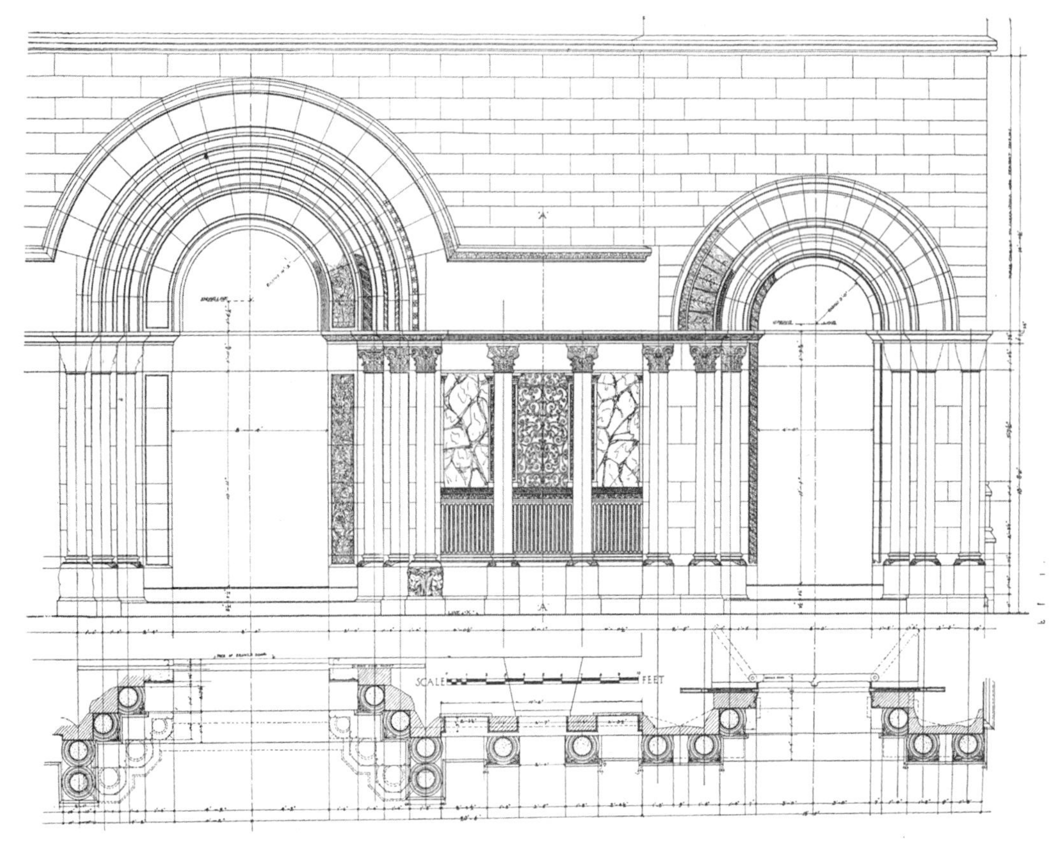

部分立面图

纽约 1903 年

纽约公共图书馆分馆建筑

查特姆广场分馆 1903 年

第 115 大街分馆 1907 年

第 125 大街分馆 1904 年

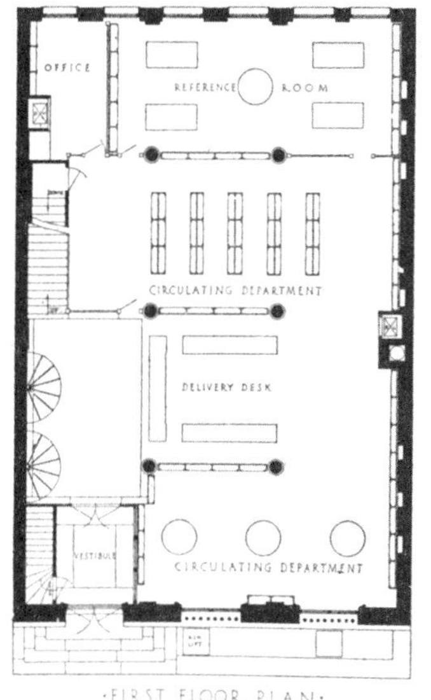

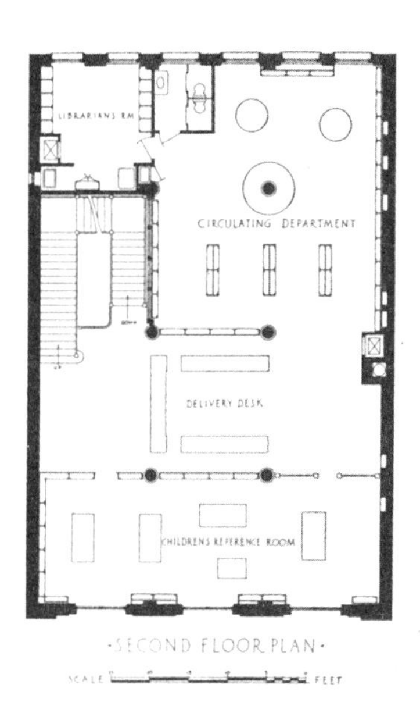

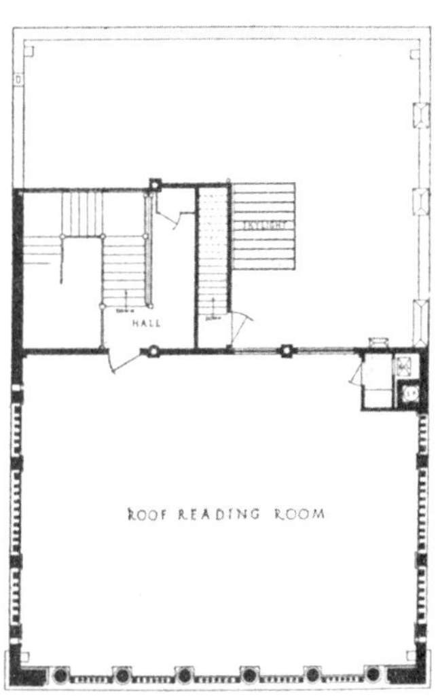

圣加布里埃尔分馆平面图

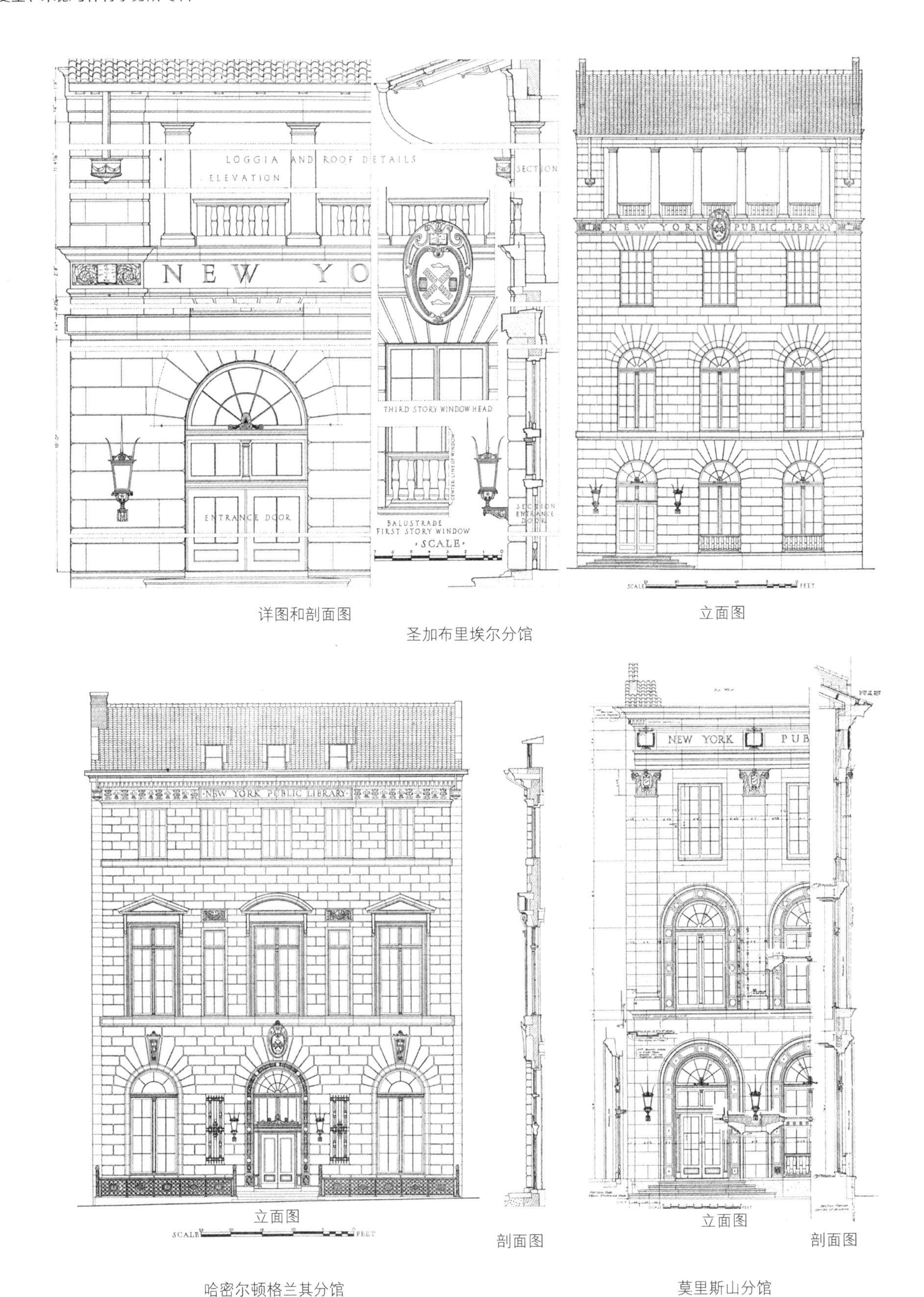

详图和剖面图

立面图

圣加布里埃尔分馆

立面图

剖面图

哈密尔顿格兰其分馆

立面图

剖面图

莫里斯山分馆

汤普金斯广场分馆 1904 年

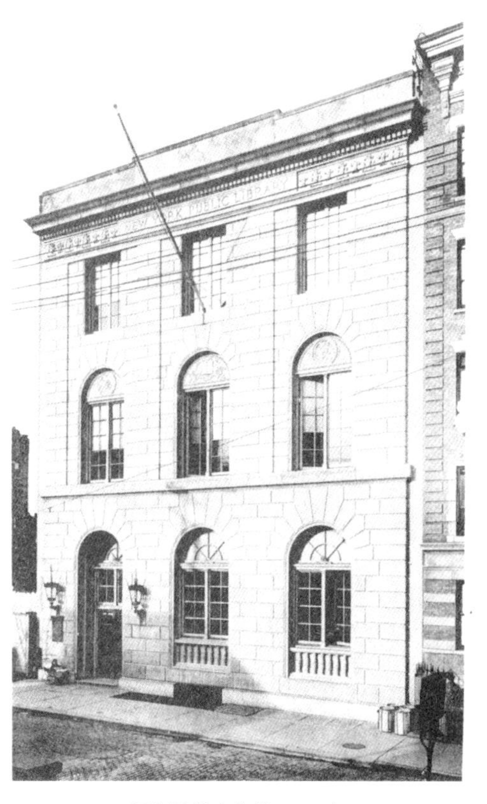

伍德斯托克分馆 1913 年

哈林区莫里斯山分馆 1906 年

汉密尔顿农庄分馆 1905 年

哥伦比亚大学

厄尔大楼，1901 年

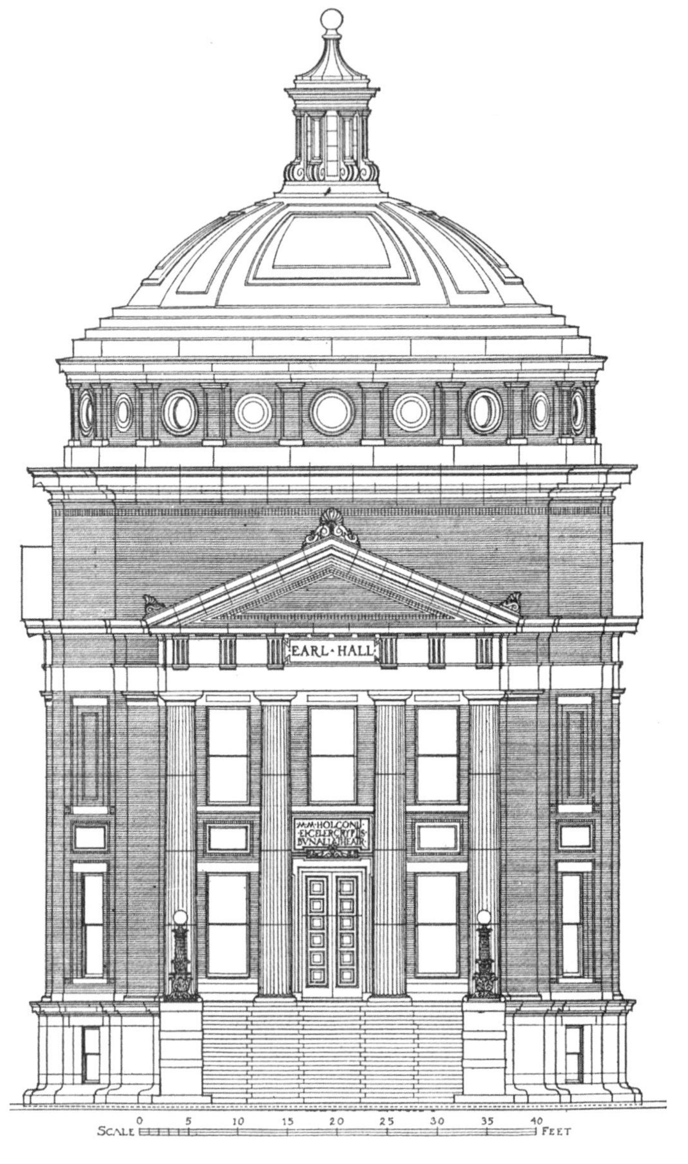

东立面图

哥伦比亚大学厄尔大楼　1902 年

纽约

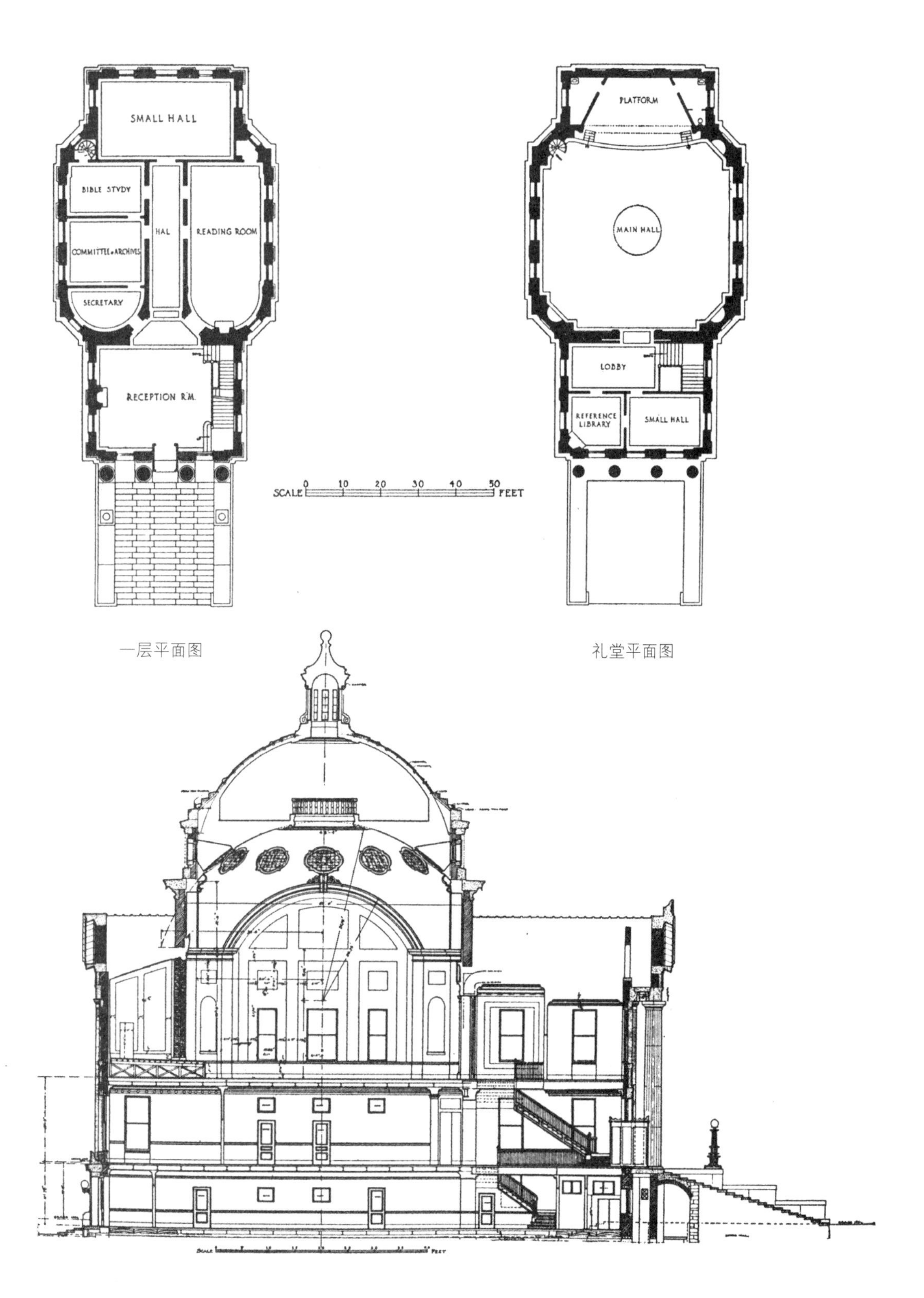

一层平面图

礼堂平面图

剖面图

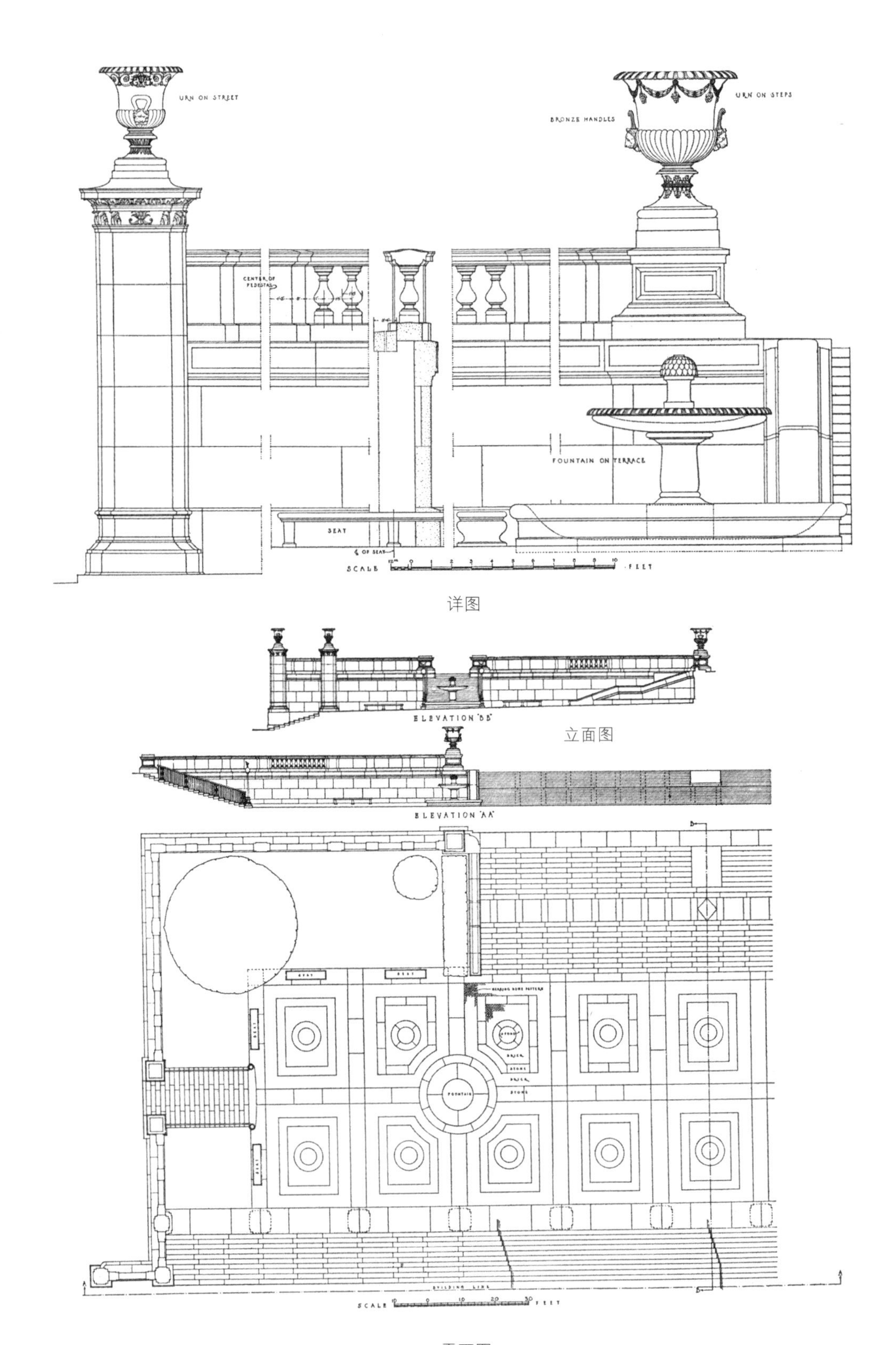
URN ON STREET
BRONZE HANDLES
URN ON STEPS
CENTER OF PEDESTAL
FOUNTAIN ON TERRACE
SEAT
SCALE
FEET
ELEVATION "BB"
ELEVATION "AA"
SEAT
FOUNTAIN
BRICK
STONE
BUILDING LINE

详图

立面图

平面图

南院

哈佛大学罗宾逊大楼

1904 年建筑学院罗宾逊大楼

立面图

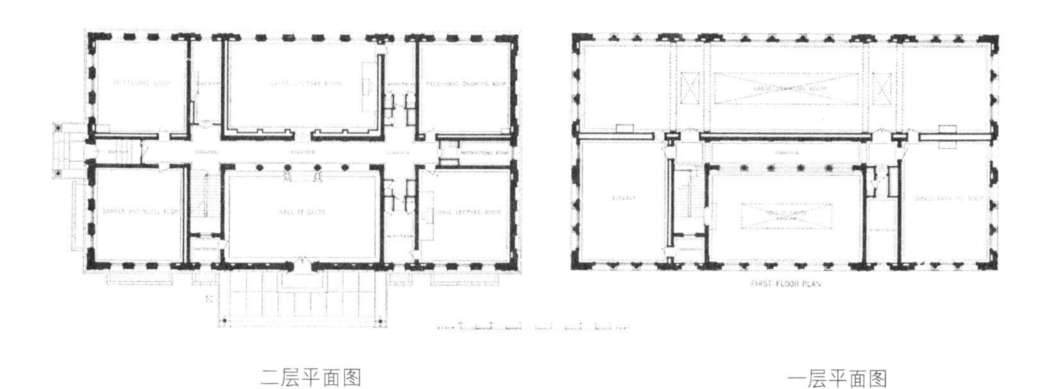

二层平面图　　　　　　一层平面图

哈佛大学罗宾逊大楼
马萨诸塞州坎布里奇　1904 年

尼克博克信托公司
（现为哥伦比亚信托公司）

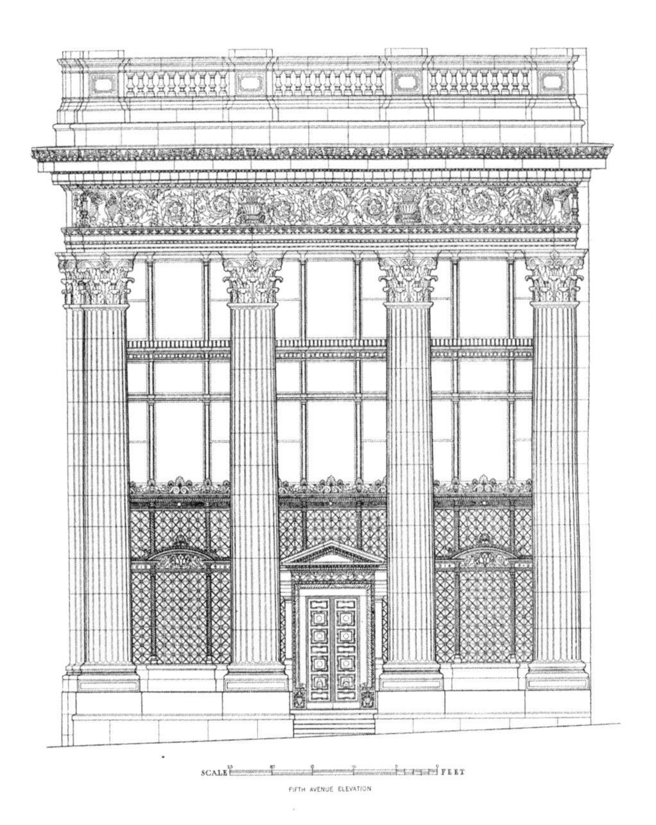

第 5 大街一侧立面图

外观

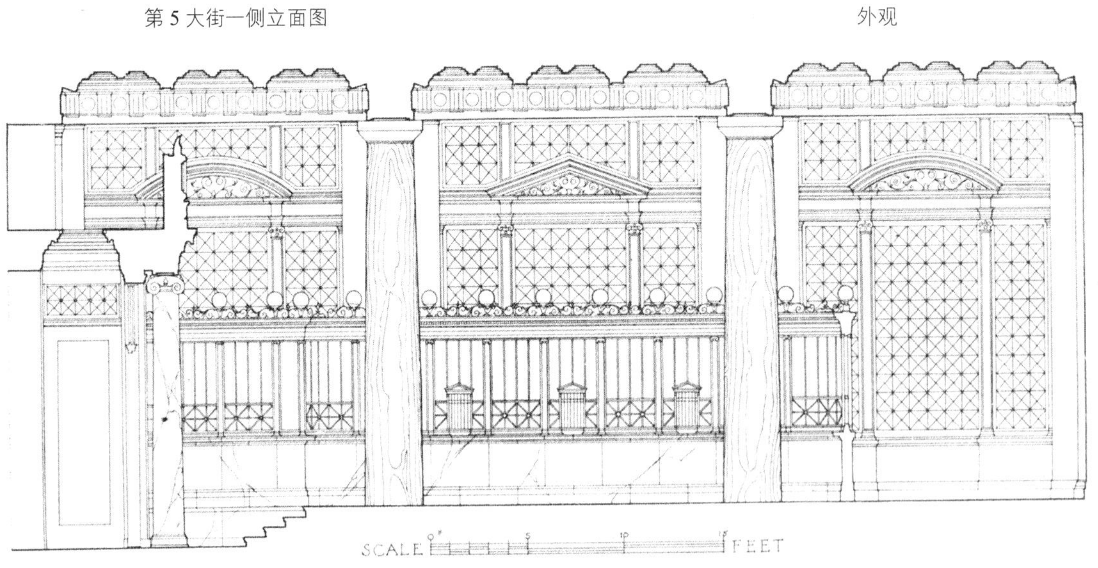

业务大厅剖面

纽约　1904 年

青铜大门及其大理石贴脸

蒙特利尔银行

加拿大蒙特利尔 1904 年

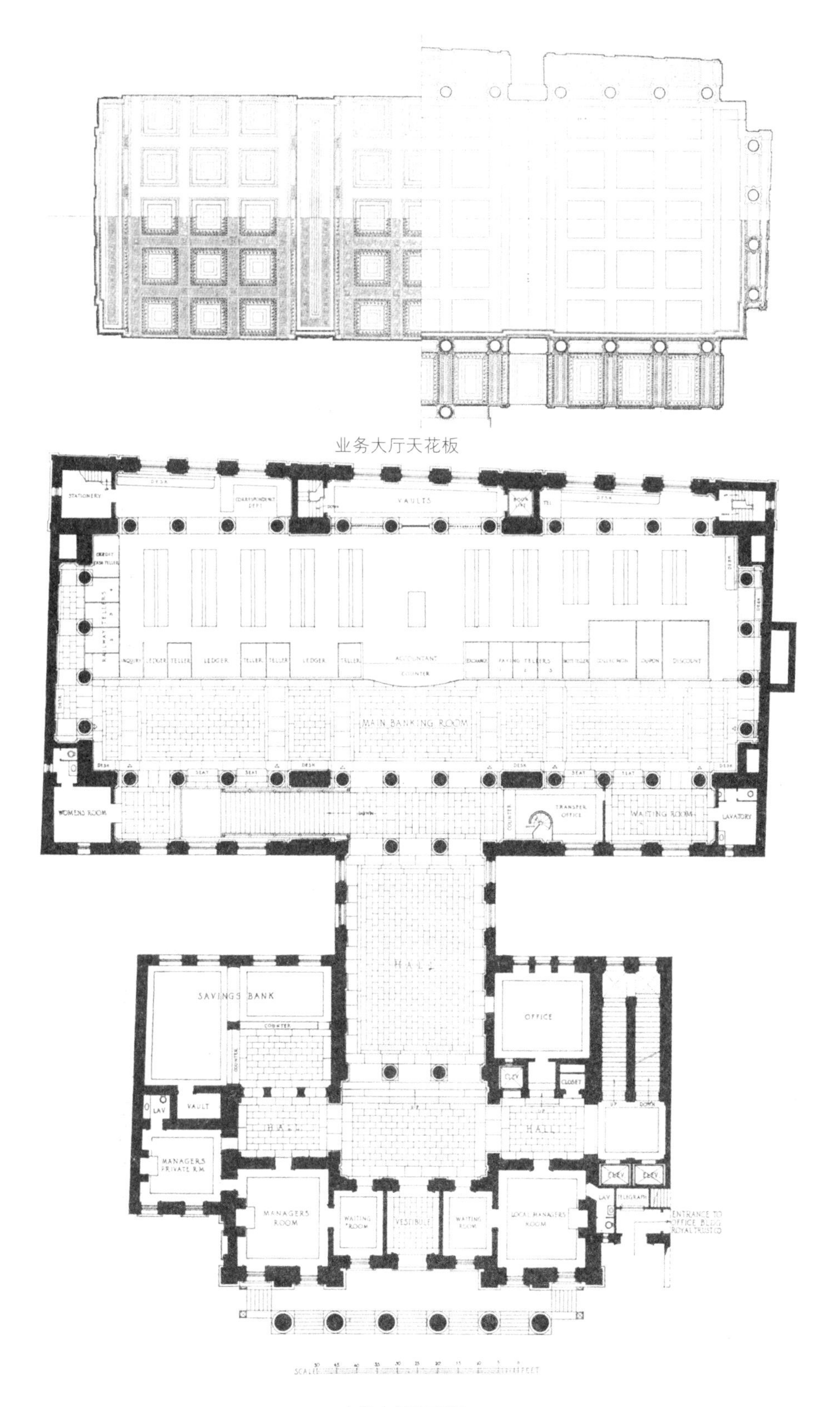

业务大厅天花板

业务大厅平面图

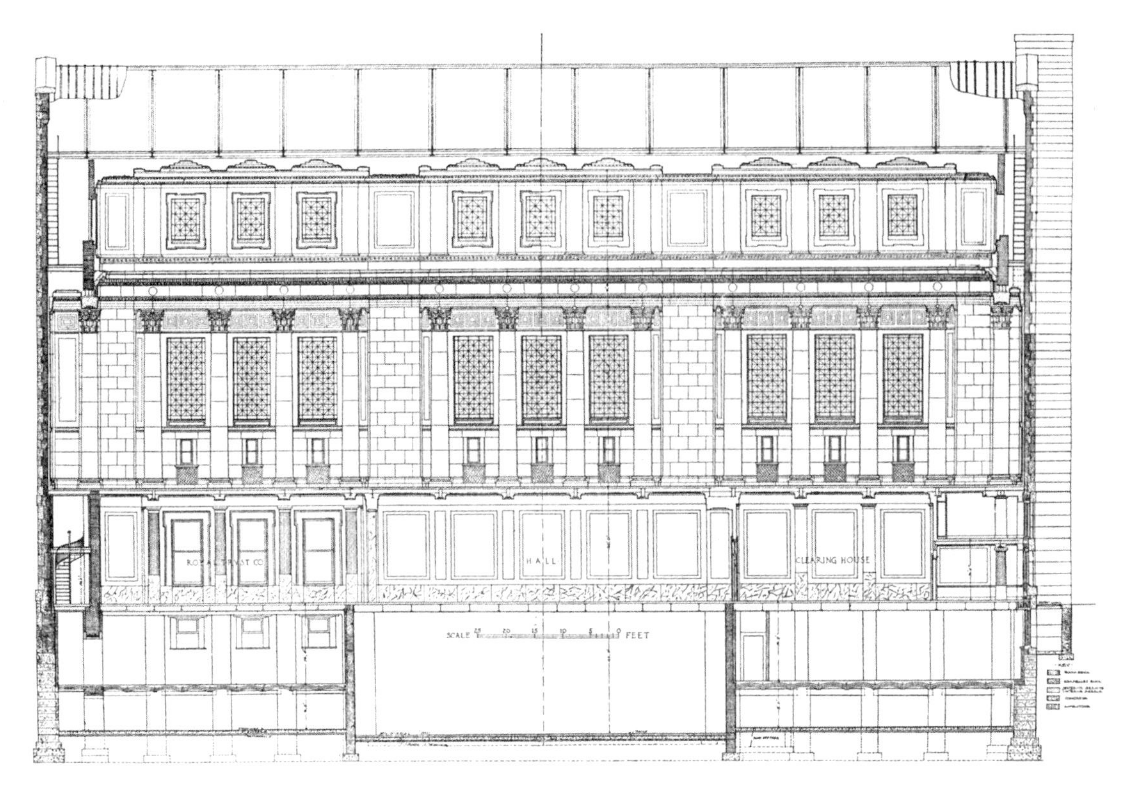

主业务大厅剖面图

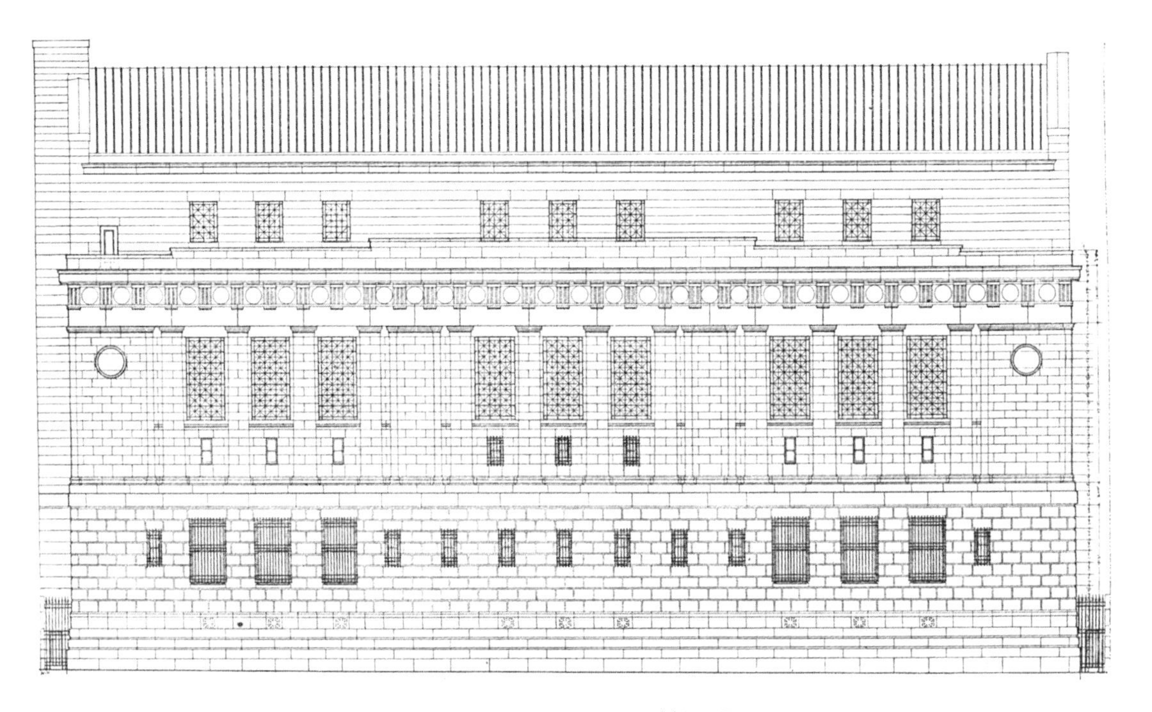

克雷格街（Craig Street）一侧立面图

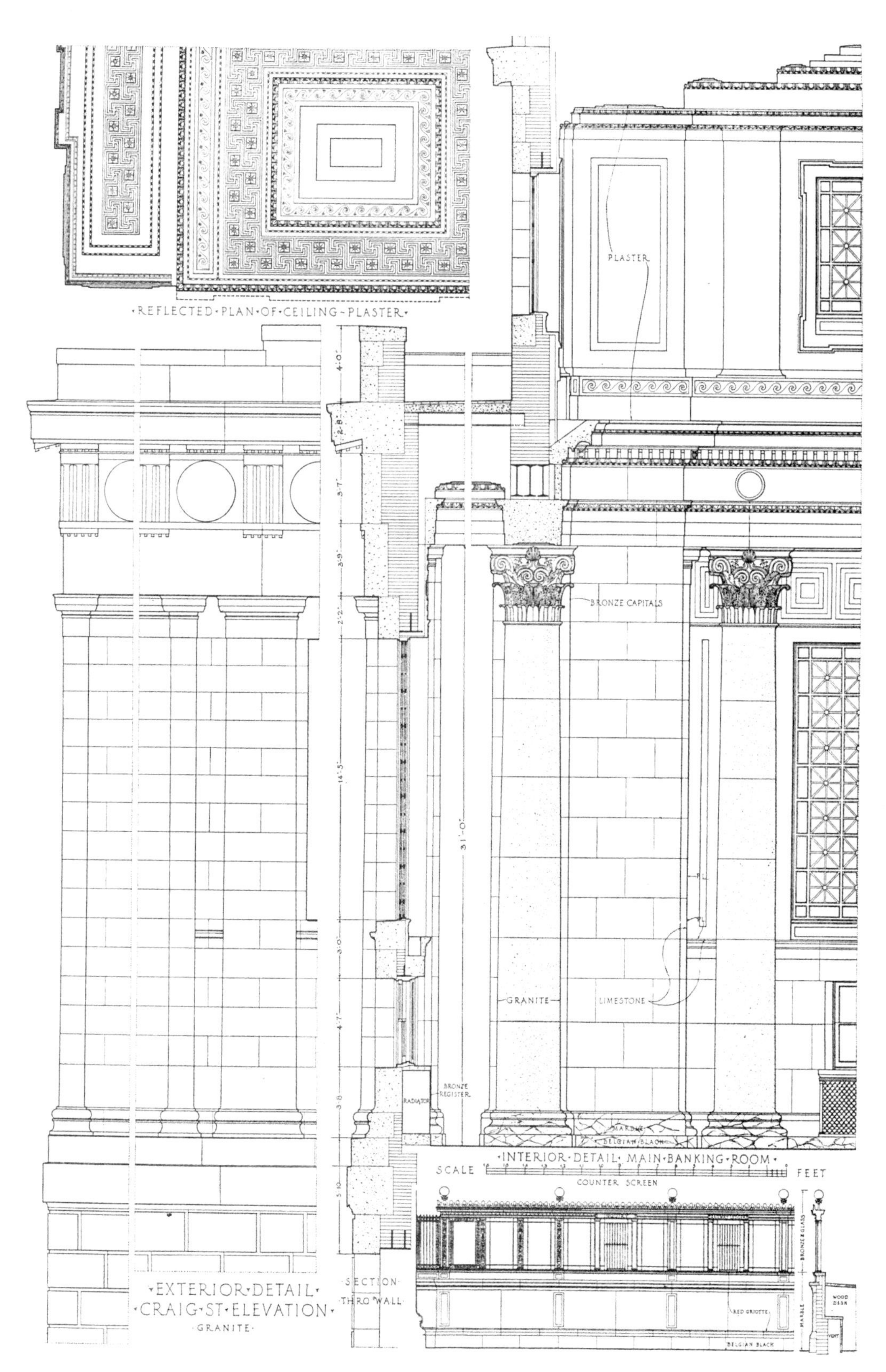
·REFLECTED·PLAN·OF·CEILING·PLASTER·
PLASTER
BRONZE CAPITALS
GRANITE
LIMESTONE
RADIATOR
BRONZE REGISTER
MARBLE
BELGIAN BLACK
·INTERIOR·DETAIL·MAIN·BANKING·ROOM·
SCALE
FEET
COUNTER SCREEN
BRONZE & GLASS
MARBLE
RED GRIOTTE
WOOD DESK
BELGIAN BLACK
·EXTERIOR·DETAIL·
·CRAIG·ST·ELEVATION·
·GRANITE·
SECTION
THRO WALL

内外部详图

伍德兰公墓

奥斯本

泰勒（H. A. C. Taylor）

戈莱特（Goelet）

罗素

1900—1902 年

诺格塔克中学

南立面

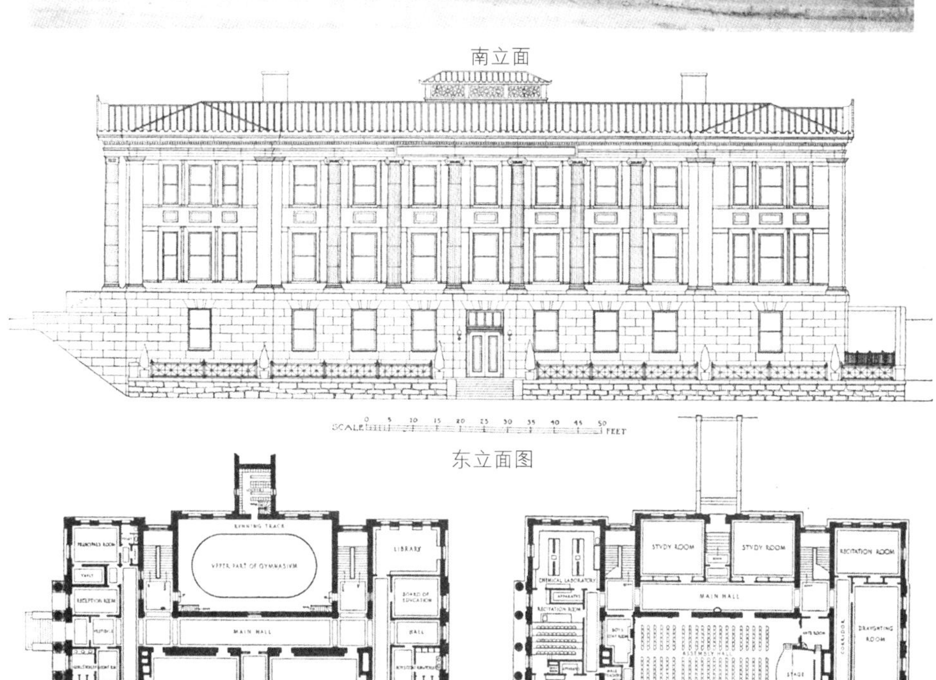

东立面图

主要楼层平面图

二层平面图

康涅狄格州诺格塔克 1904 年

公理会教堂

平面图

立面图

康涅狄格州诺格塔克 1905 年

杰斐逊·库利奇（T. Jefferson Coolidge, Jr.）住宅

外观

起居室

马萨诸塞州曼彻斯特 1904 年

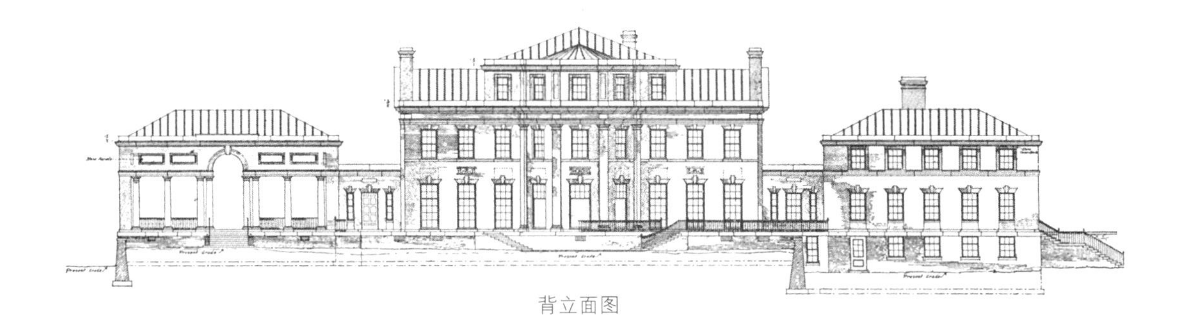

背立面图

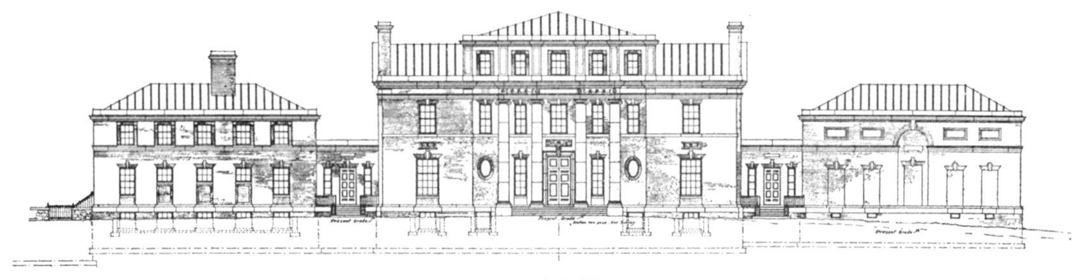

正立面图

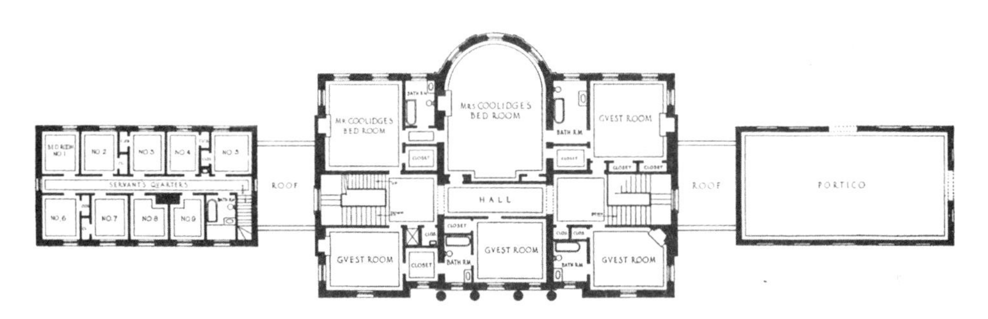

二层平面图

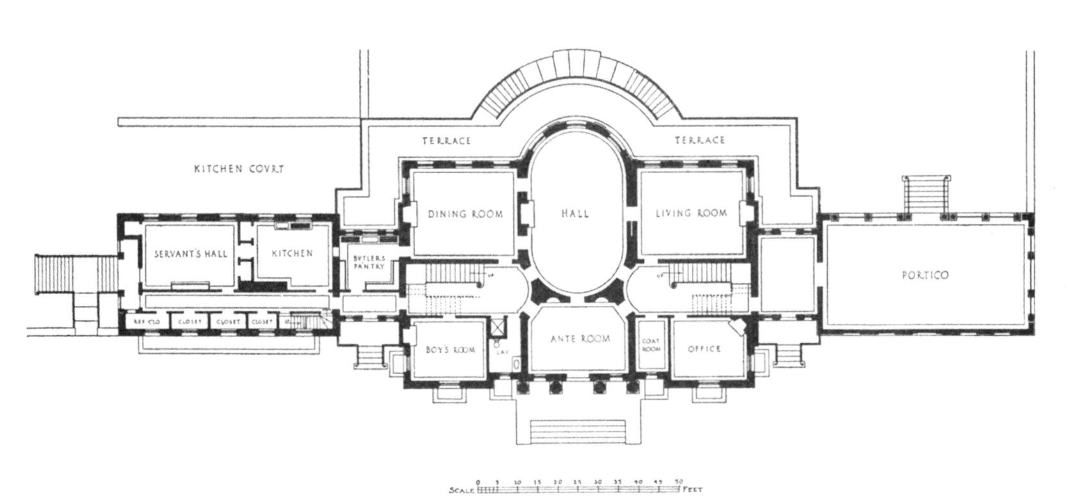

一层平面图

大厅

大厅壁炉

凉亭内部

第五章

1906 年至 1910 年建筑设计作品

羔羊俱乐部

立、剖面图

外观

纽约 1906 年

伊利诺伊大学

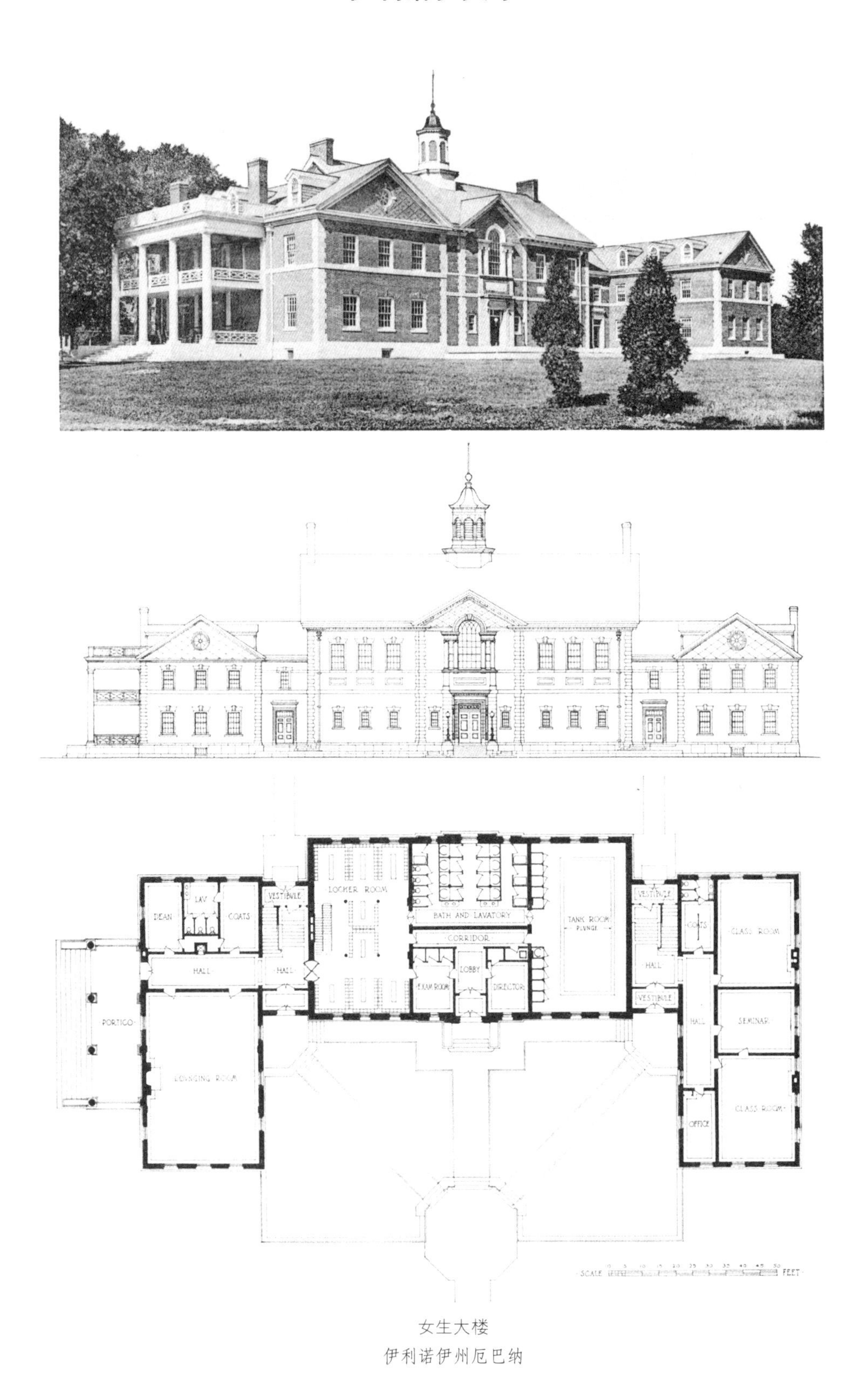

女生大楼

伊利诺伊州厄巴纳

哈莫尼俱乐部

纽约　1906 年

正立面图以及一层、三层平面图

新英格兰信托有限公司

马萨诸塞州波士顿　1906 年

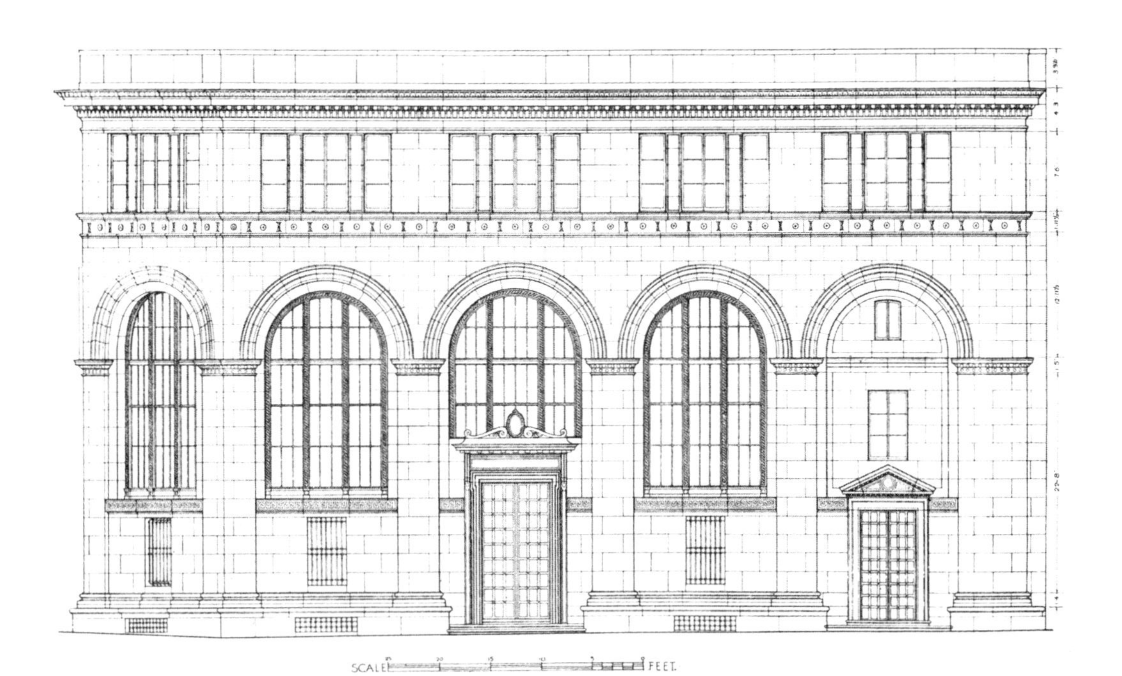

立面图

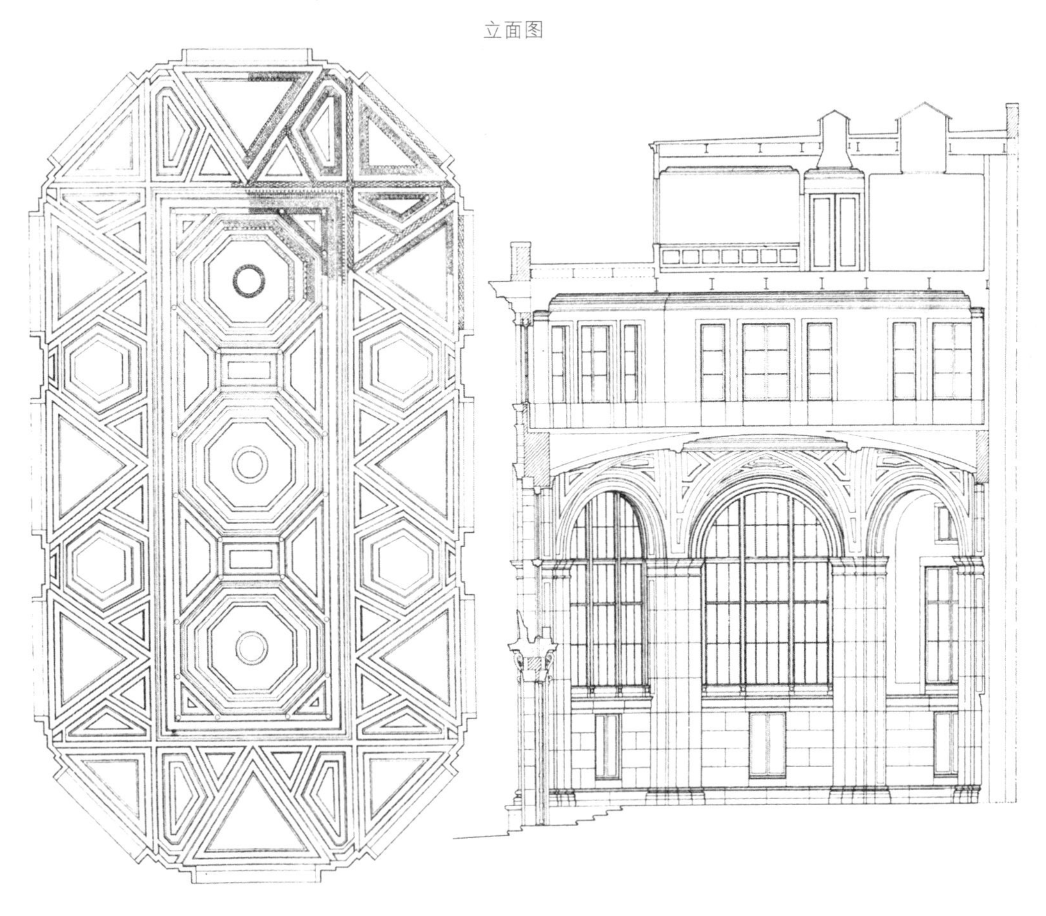

业务大厅天花板平面图

业务大厅横剖面

白金汉大楼

立面图与立面详图

康涅狄格州沃特伯里 1906 年

戈勒姆制造公司大楼

外观

内景

立面细节

纽约　1906 年

SCALE 0 5 10 15 20 25 30 FEET

侧立面图

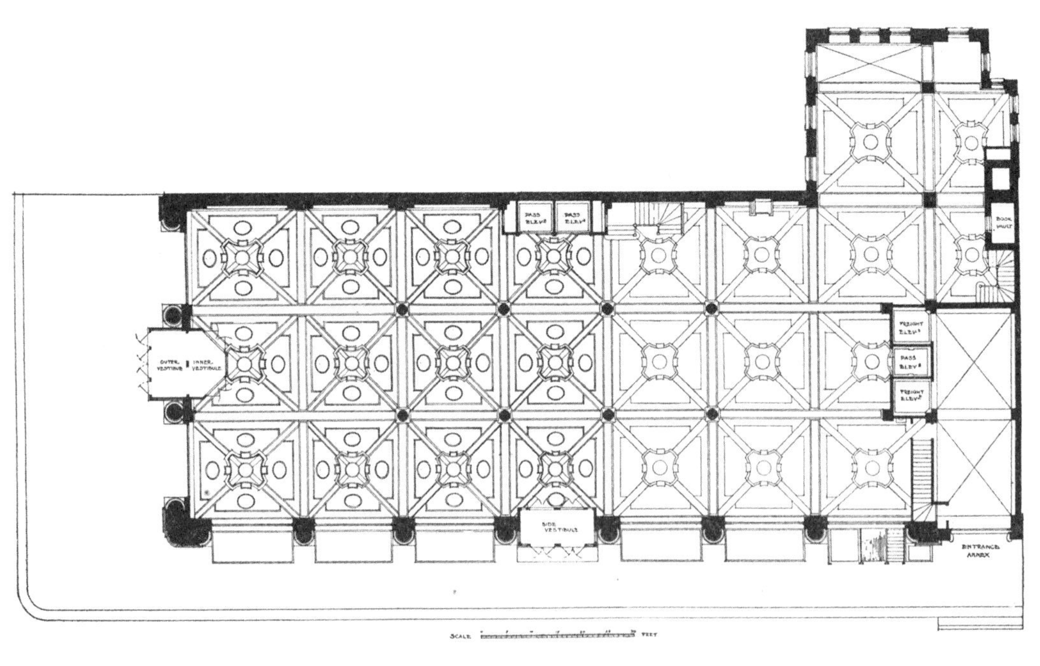
OUTER VESTIBULE
INNER VESTIBULE
SIDE VESTIBULE
ENTRANCE ANNEX

一层平面图

SCALE
0
5
10
15
20
FEET

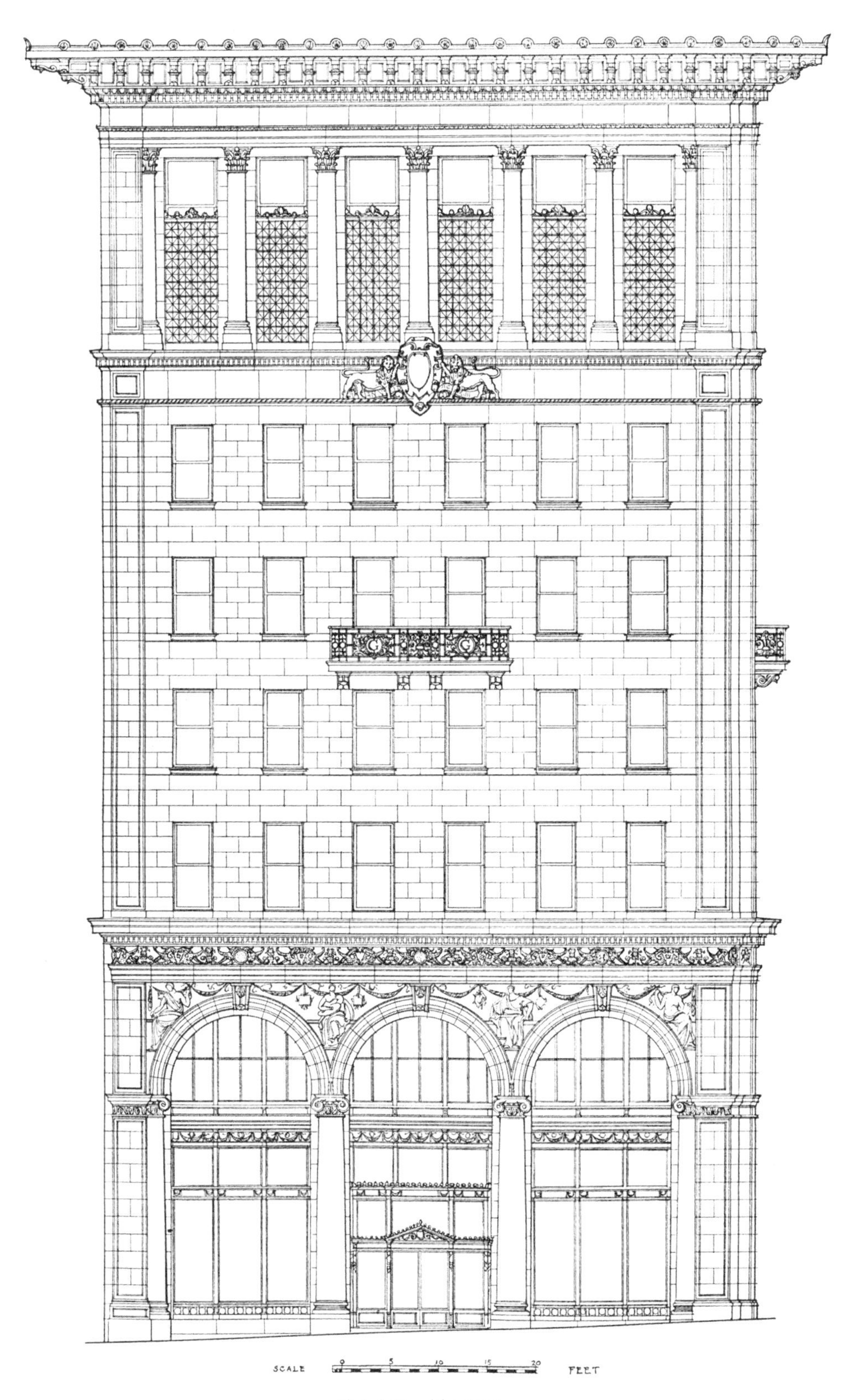

第 5 大街一侧立面图

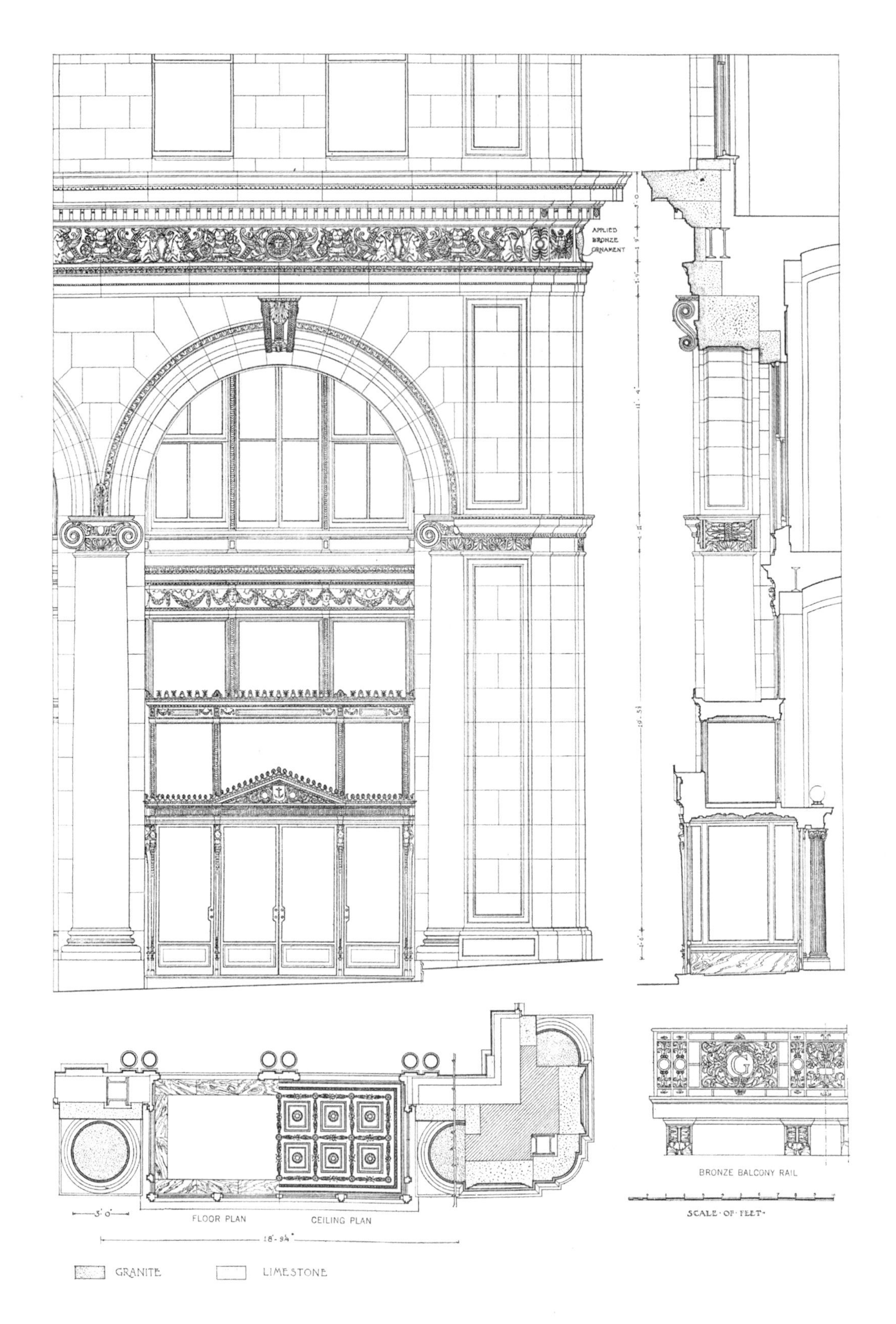
APPLIED BRONZE ORNAMENT
FLOOR PLAN
CEILING PLAN
GRANITE
LIMESTONE
BRONZE BALCONY RAIL
SCALE·OF·FEET·

低楼层详图

DETAILS
OF
VPPER
STORIES
COPPER
SCALE
FEET

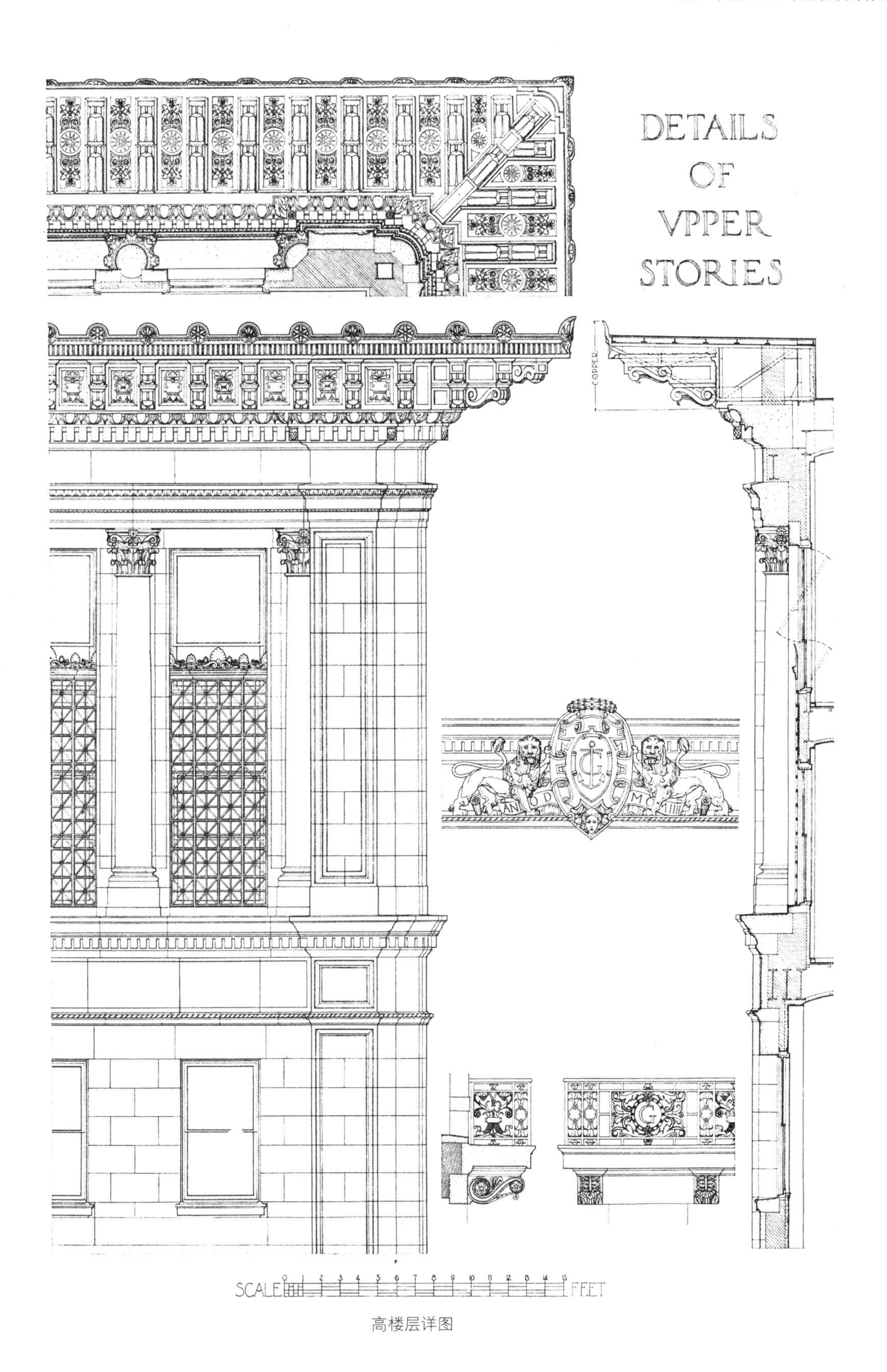

高楼层详图

摩根大通图书馆

正立面图

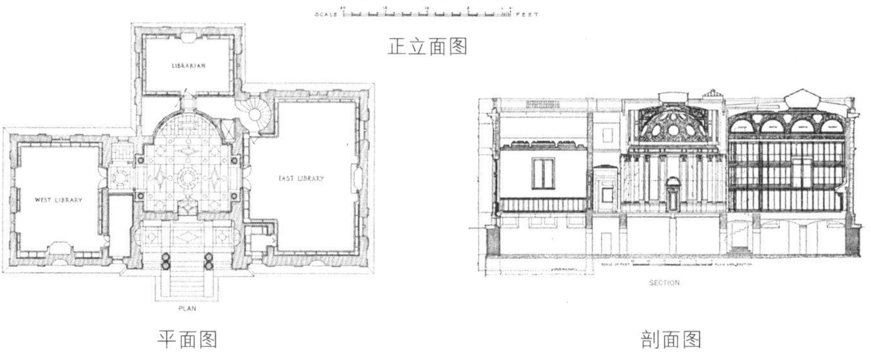

平面图

剖面图

纽约 1906 年

正立面

青铜围墙和大理石柱

入口

凉廊顶部

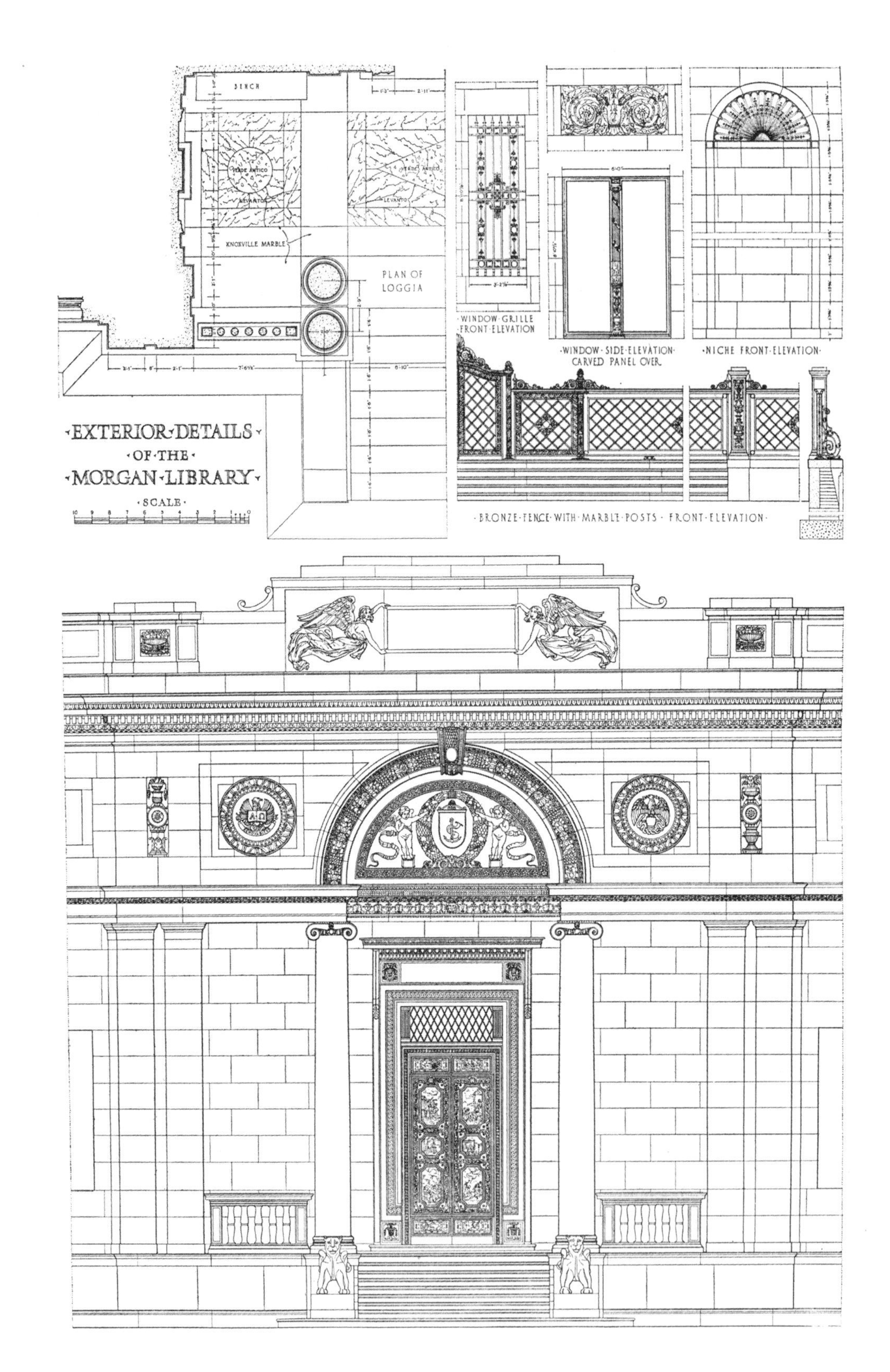
EXTERIOR·DETAILS
·OF·THE·
·MORGAN·LIBRARY·
·SCALE·
PLAN OF LOGGIA
KNOXVILLE MARBLE
BENCH
VERDE ANTICO
LEVANTO
·WINDOW·GRILLE FRONT·ELEVATION
·WINDOW·SIDE·ELEVATION· CARVED PANEL OVER
·NICHE FRONT·ELEVATION·
·BRONZE·FENCE·WITH·MARBLE·POSTS· FRONT·ELEVATION·

外部详图

入口门廊与大厅的横向剖面图

SCALE FEET

·REFLECTED·PLAN·&·SECTION·
·EAST·ROOM·

SKYLIGHT

PAINTING

PAINTING

PAINTING

PAINTING

东侧房间天花板详图

大厅

东侧房间

东侧房间天花细节

麦迪逊广场长老会教堂

纽约　1906 年

赤陶山形墙

·FRONT ELEVATION·
·MADISON SQVARE PRESBYTERIAN CHVRCH·
·SCALE ¼ INCH EQVALS ONE FOOT·

正立面图

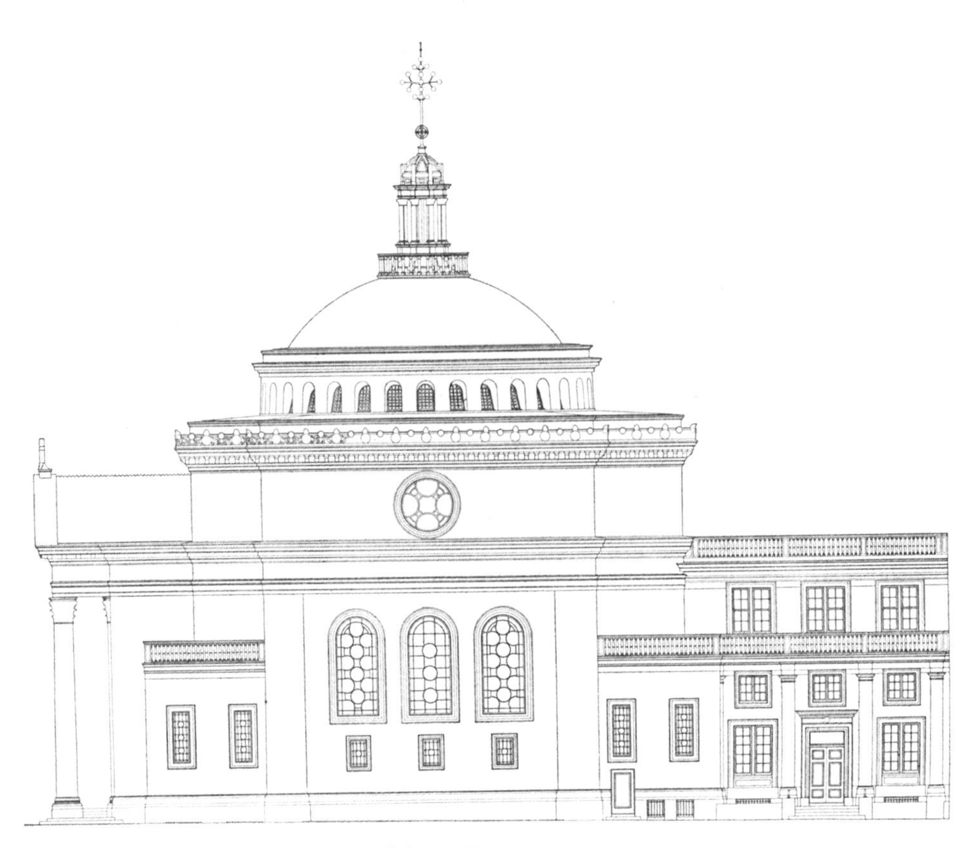

临街立面图

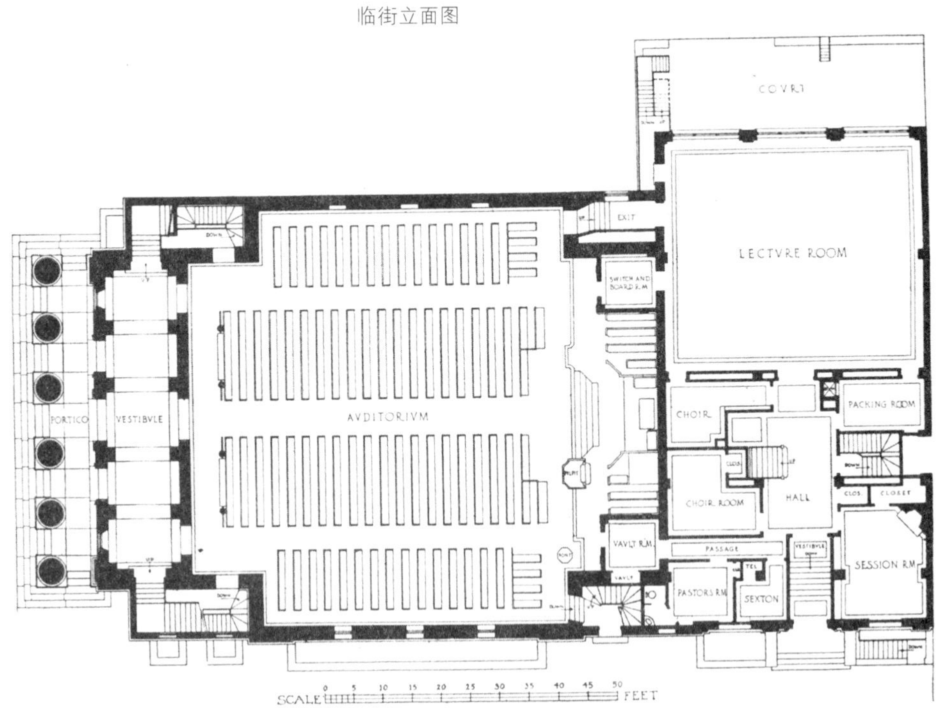
COVRT
LECTVRE ROOM
EXIT
PACKING ROOM
CHOIR
CHOIR ROOM
HALL
CLOSET
SESSION RM
PASSAGE
PASTORS RM
SEXTON
VAULT RM
AVDITORIVM
VESTIBVLE
PORTICO
SCALE
0 5 10 15 20 25 30 35 40 45 50
FEET

平面图

CAPITALS, ENTABLATURE, BALUSTRADE, WINDOW TRIM OF ORNAMENTAL TERRA COTTA, SHAFT OF COLUMN, POLISHED GREEN GRANITE. BASE, WHITE MARBLE. WALLS, LIGHT BRICK.

门廊详图

大写字母、柱上楣构、栏杆、装饰性赤陶材质的饰窗花格、柱身为抛光绿花岗岩。底座为白色大理石。墙为轻质砖

檐口和主入口详图

墙为轻质砖。檐口与大门贴脸为装饰性赤陶大理石镶块或孔雀大理石。橡木门由铁双头螺栓装饰

小范德比尔特（W. K. Vanderilt, Jr）住宅

三层平面图

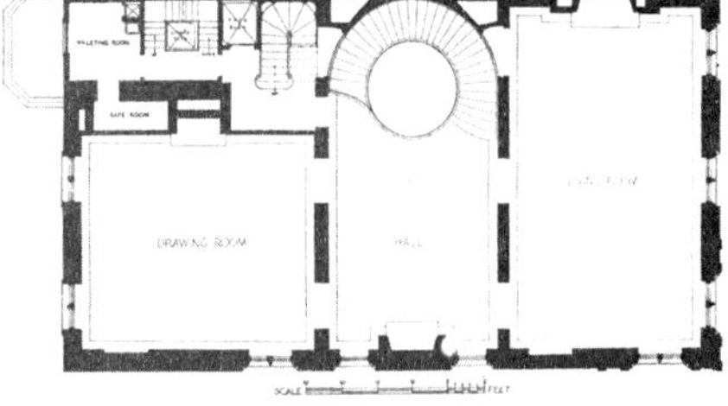

二层平面图

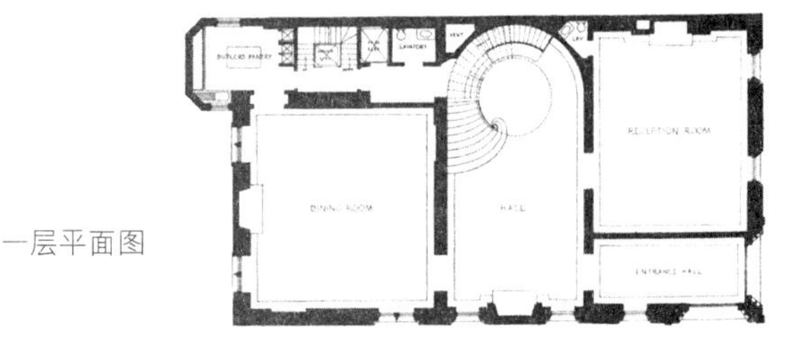

一层平面图

正立面图

纽约　1906 年

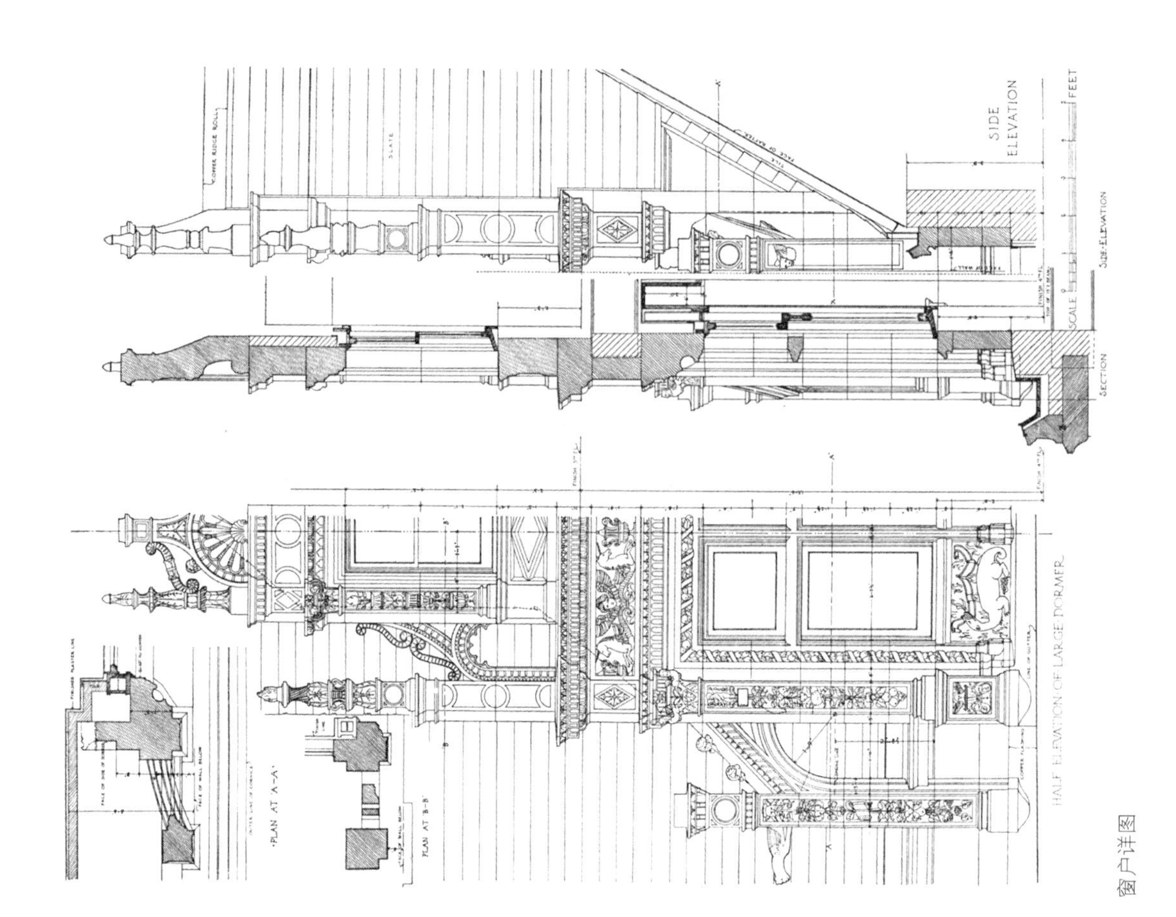
SIDE ELEVATION
SECTION
HALF ELEVATION OF LARGE DORMER
PLAN AT 'A-A'
PLAN AT 'B-B'

窗户详图

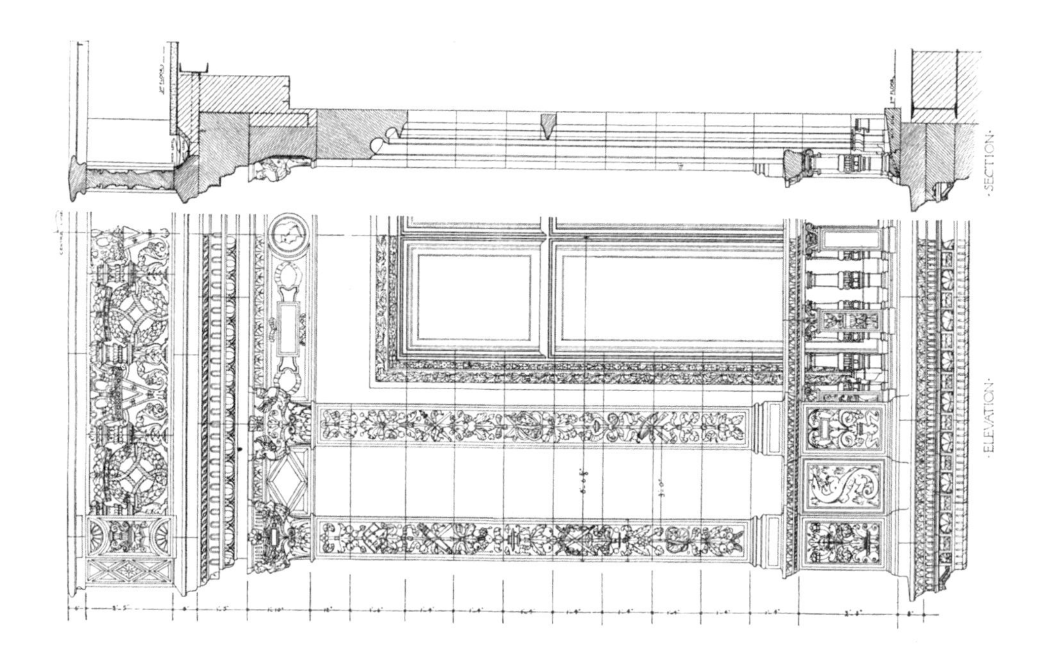
·SECTION·
·ELEVATION·

蒂芙尼有限公司大楼

外观

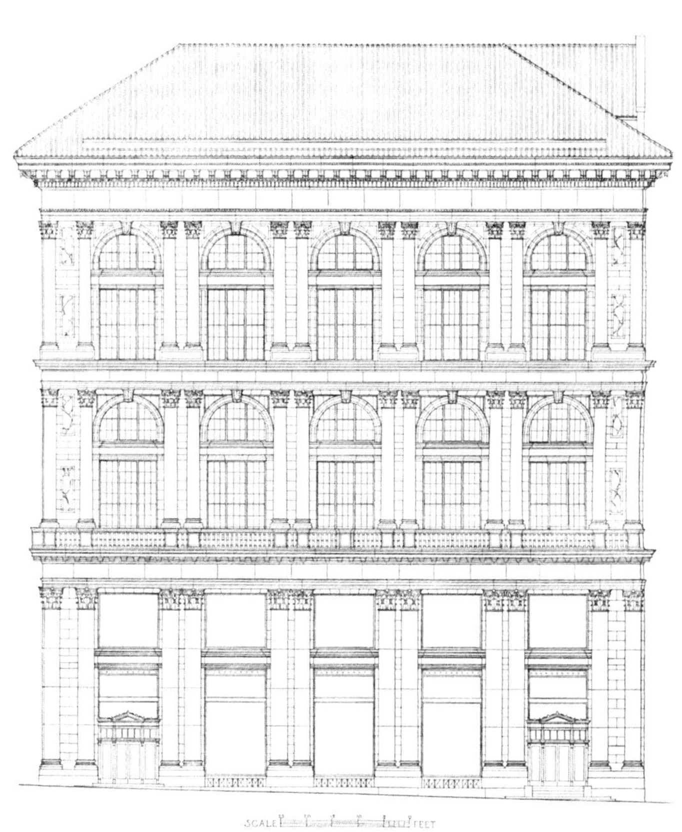

第5大街一侧立面图

纽约　1906年
第5大街391号的邻楼　1910年

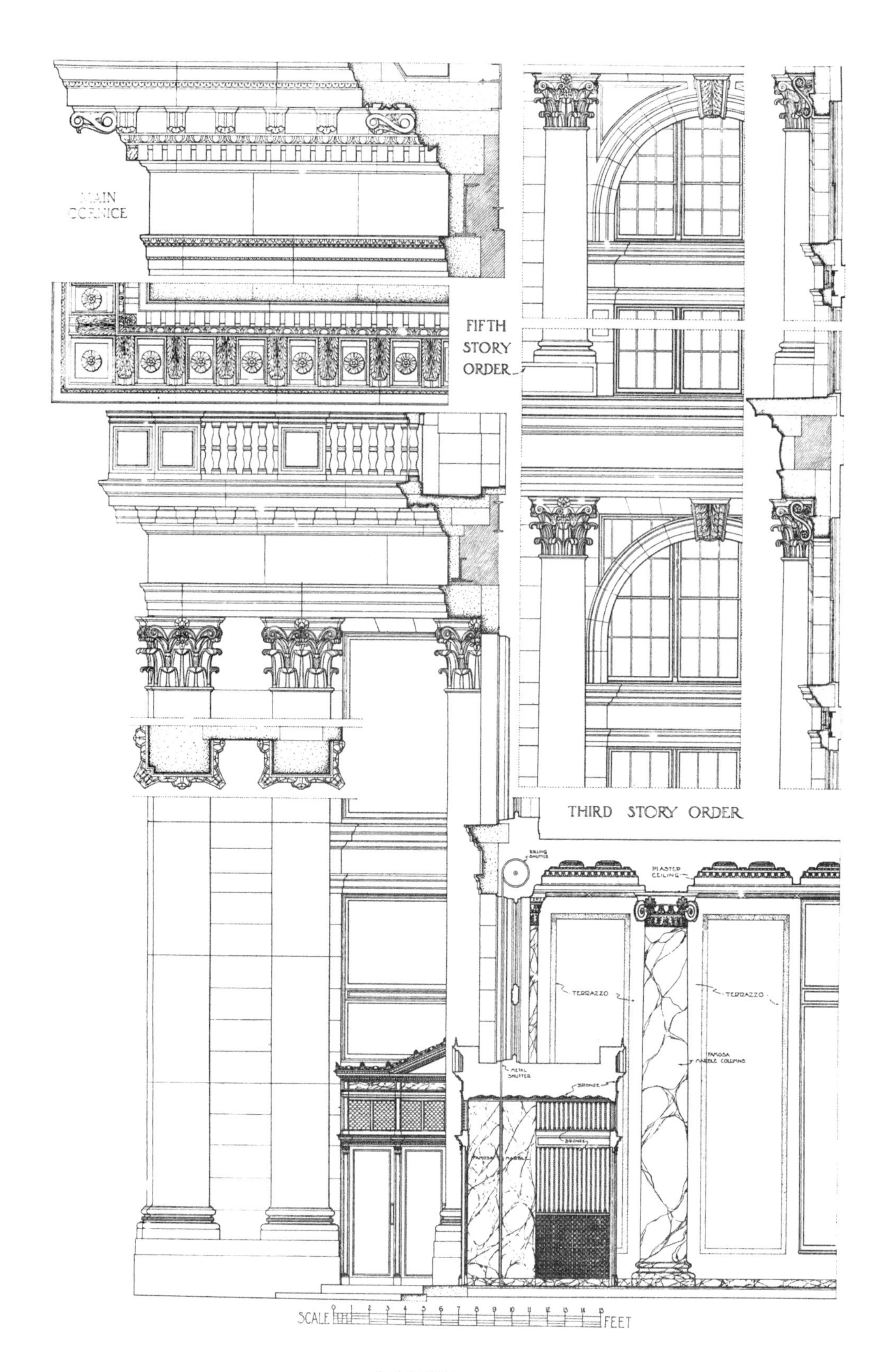
MAIN CORNICE
FIFTH STORY ORDER
THIRD STORY ORDER
PLASTER CEILING
TERRAZZO
TERRAZZO
SCALE
FEET

内外部详图

美国陆军战争学院和工兵基地

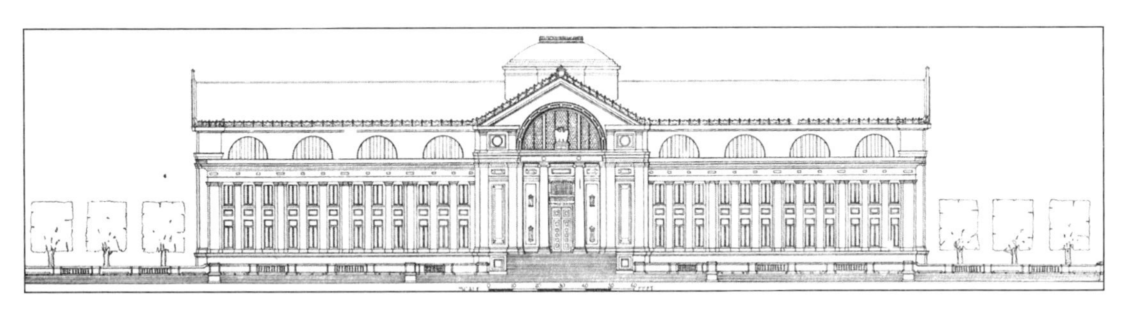

立面图

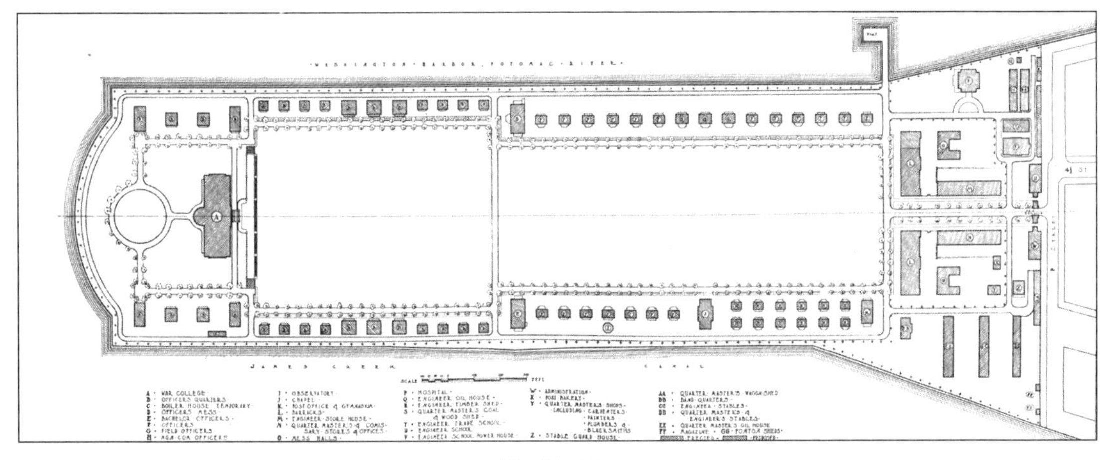

楼宇平面图

华盛顿特区　1908 年

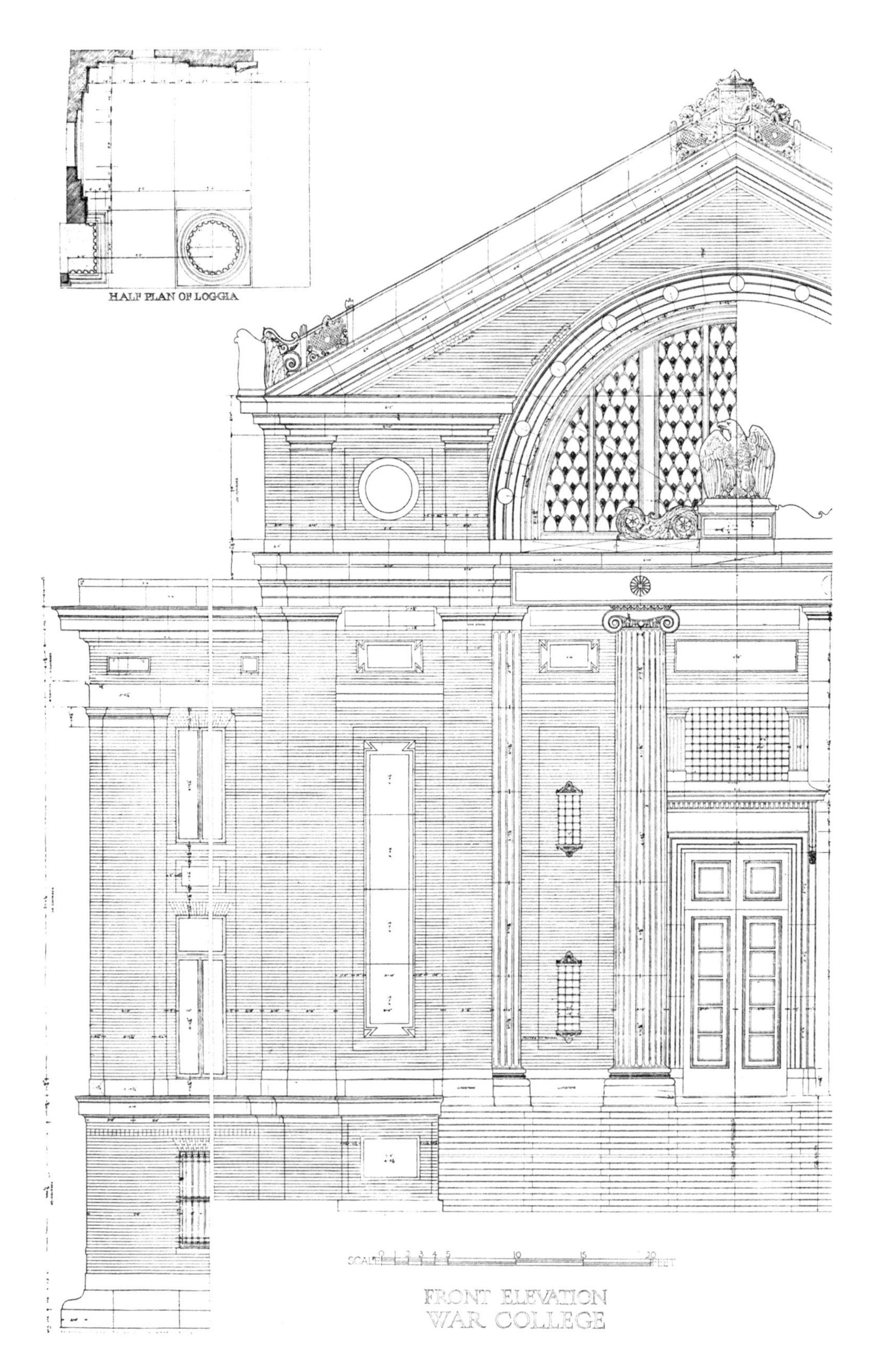
HALF PLAN OF LOGGIA
FRONT ELEVATION
WAR COLLEGE
SCALE 0 1 2 3 4 5 10 15 20 FEET

正立面图

詹姆斯 • 布里斯（James Breese）住宅

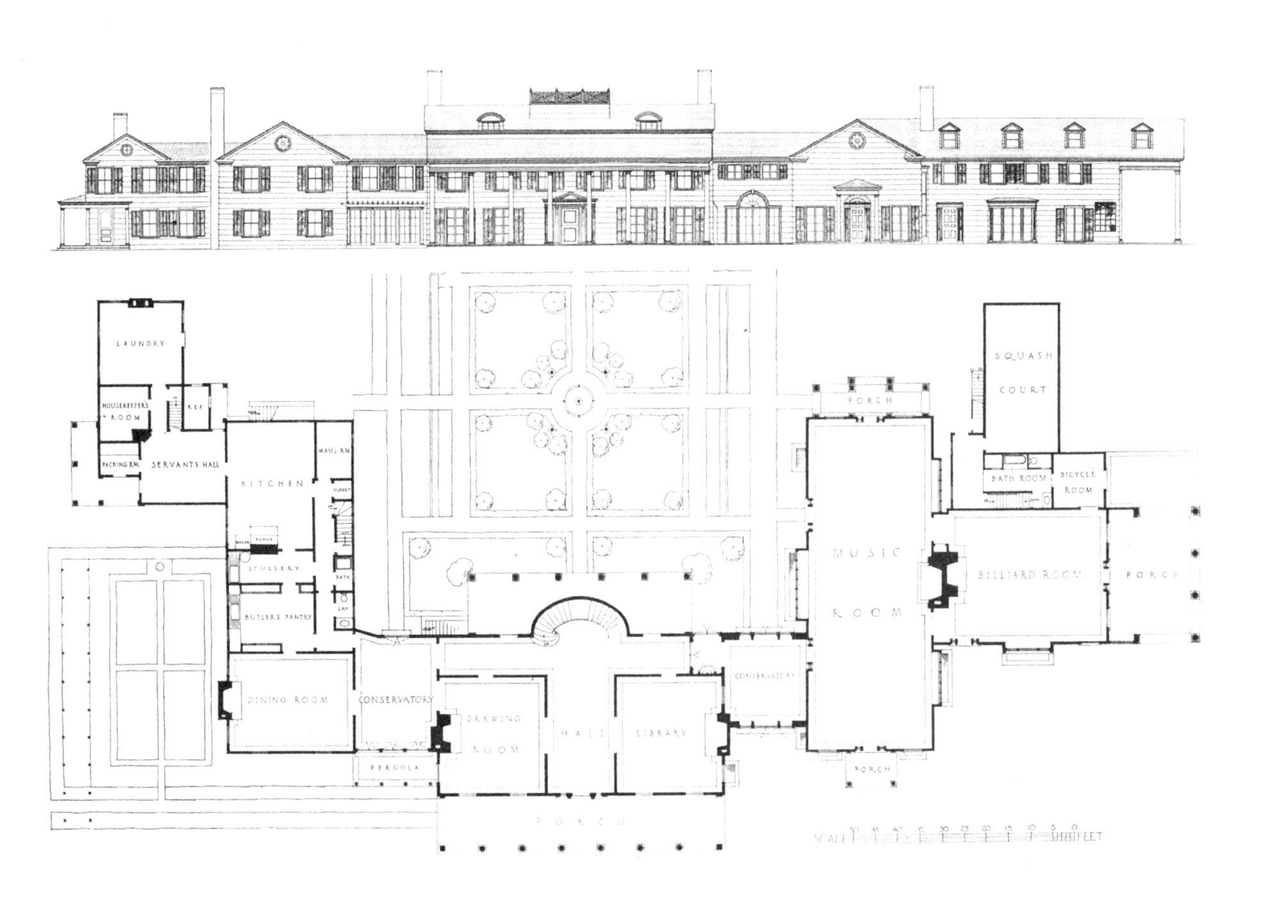

平面图与立面图

长岛南安普敦　1906 年

正面入口

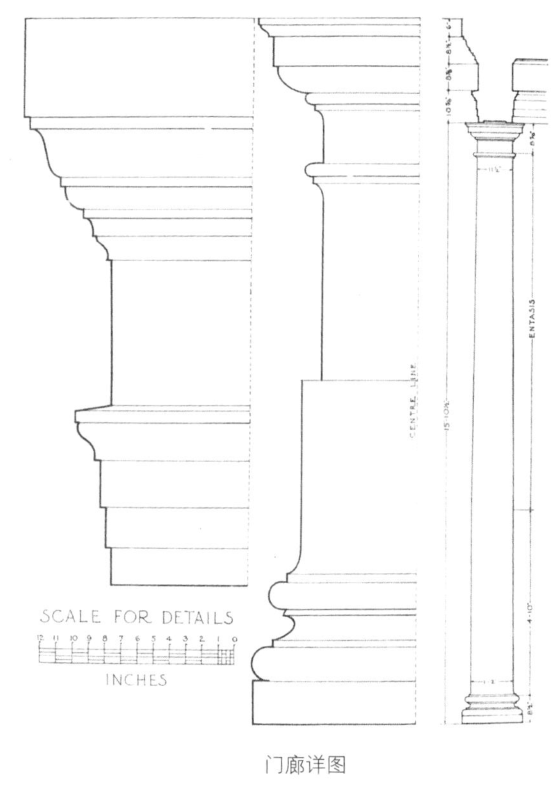
SCALE FOR DETAILS
12 11 10 9 8 7 6 5 4 3 2 1 0
INCHES
CENTRE LINE
ENTASIS

门廊详图

内景

贝尔维尤医院

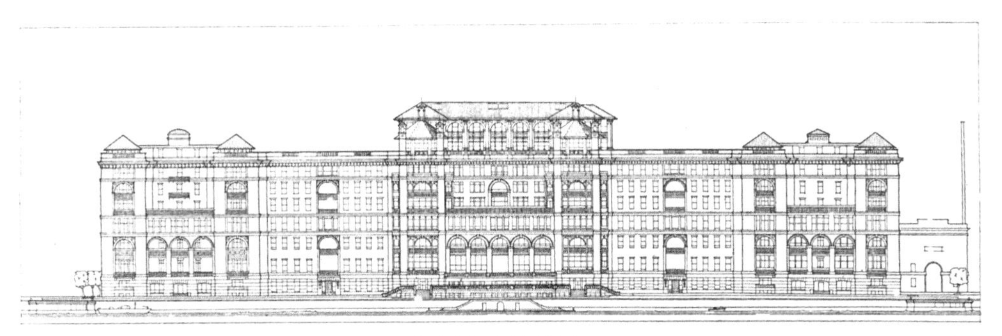

临东河一侧立面图

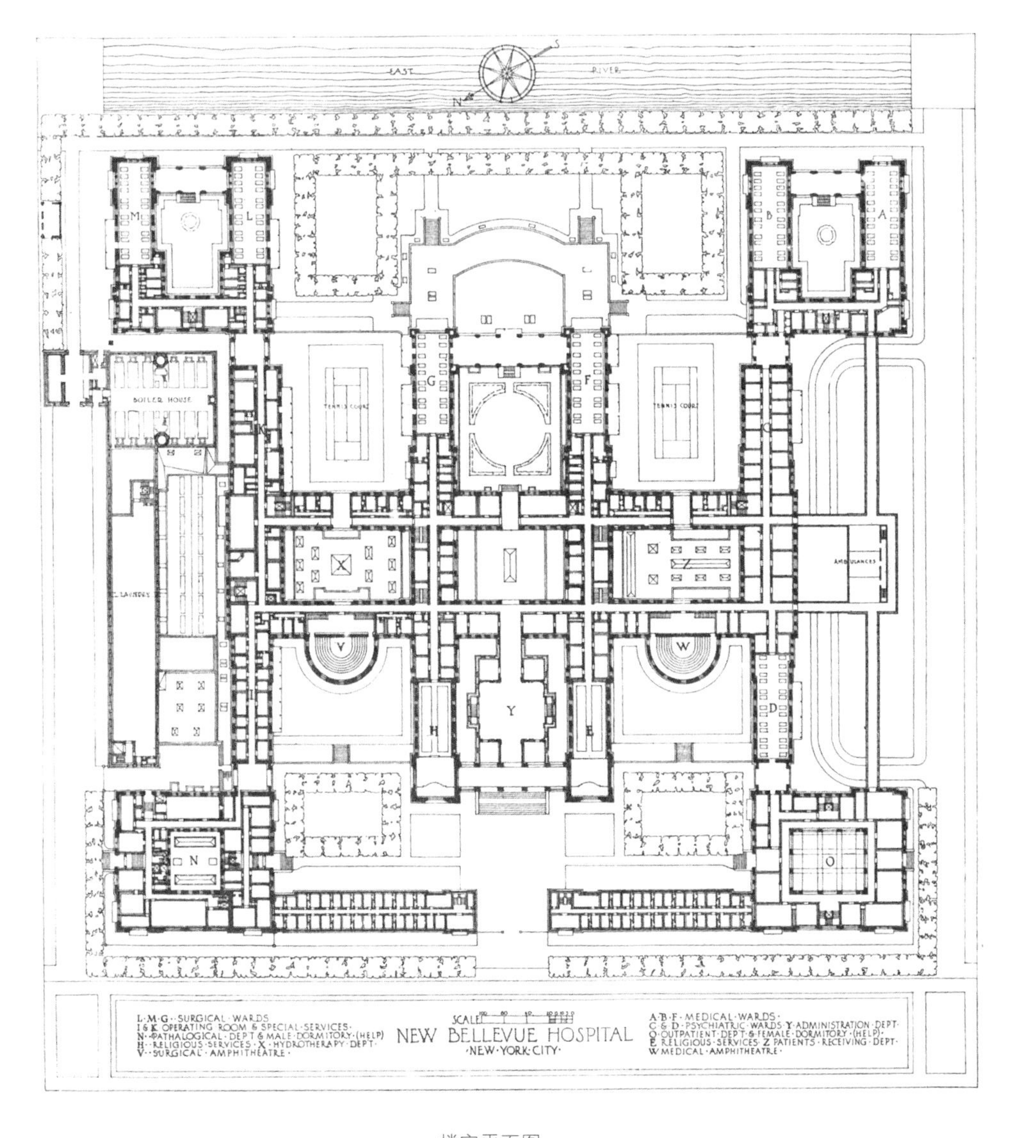

楼宇平面图

纽约　1906—1916 年

大都会博物馆的扩建部分

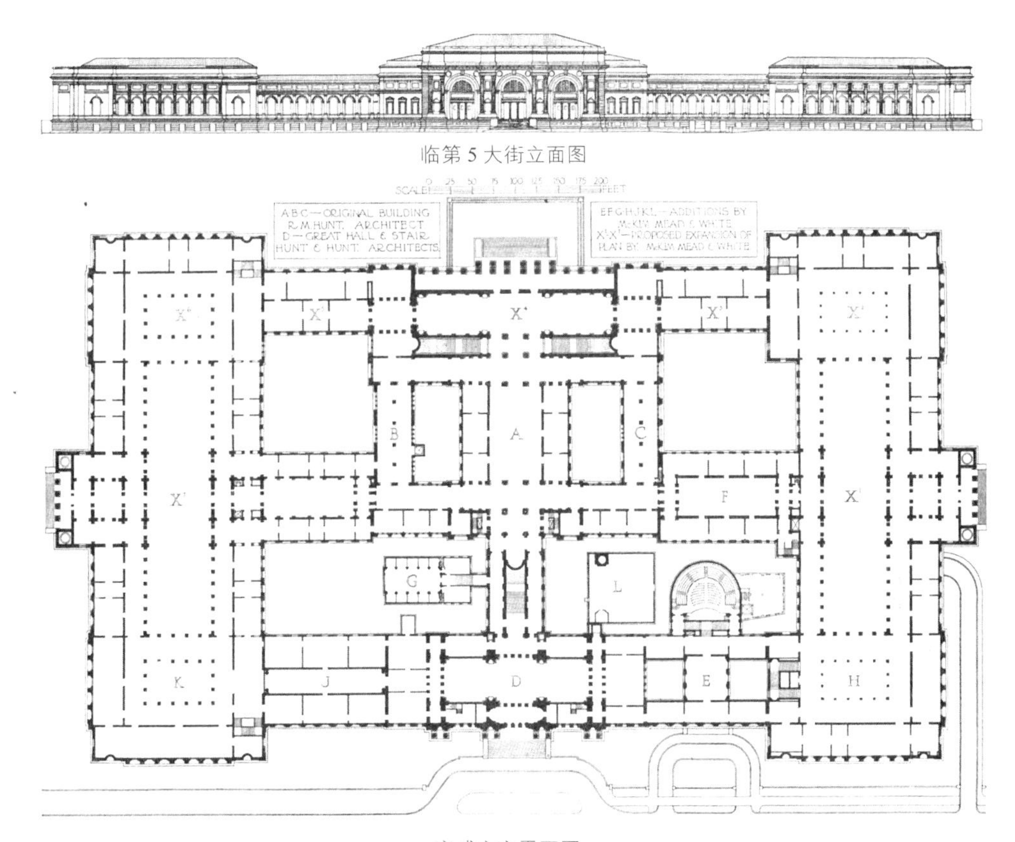

临第 5 大街立面图

完成方案平面图

扩建楼 E

纽约　1908—1916 年

图书馆，1910 年

装饰艺术大厅，扩建楼 F，1908 年

收藏盔甲的庭院与房间，扩建楼 H，1912 年

某俱乐部

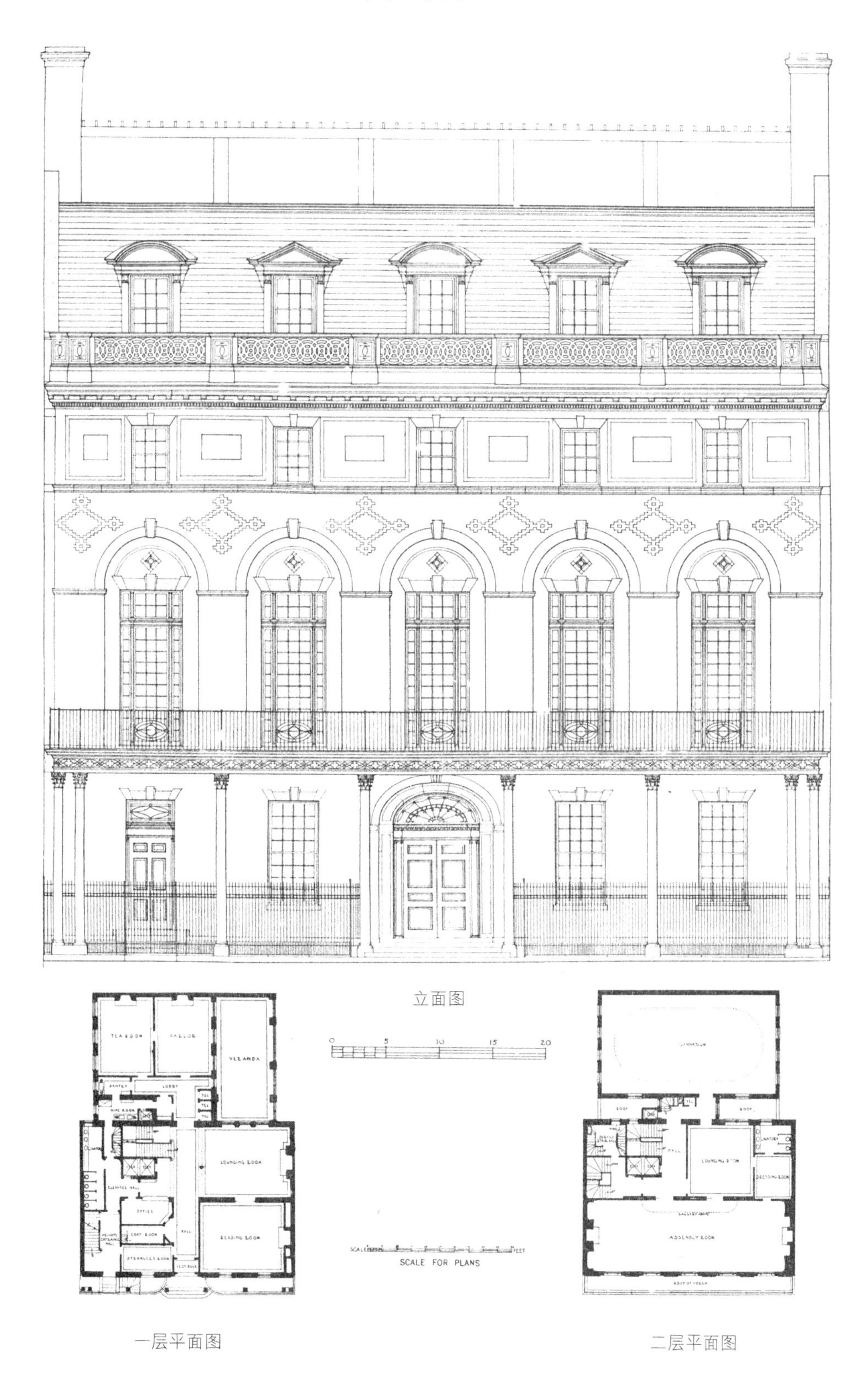

立面图

一层平面图

二层平面图

纽约 1906 年

CAST IRON
MARBLE
WOOD
SECTION
SECTION THRO
MAIN DOORWAY
PLAN
SCALE
FEET

外部详图

普林斯顿大学纪念门

运动场大门

1905 年建造的临拿骚街（Nassau Street）主入口大门

1905 年建造的临前程街（Prospect Street）主入口大门详图

1905 年建造的临拿骚街（Nassau Street）主入口大门详图

约翰·英尼斯·凯恩（John Innes Kane）住宅

南立面图

纽约　1907 年

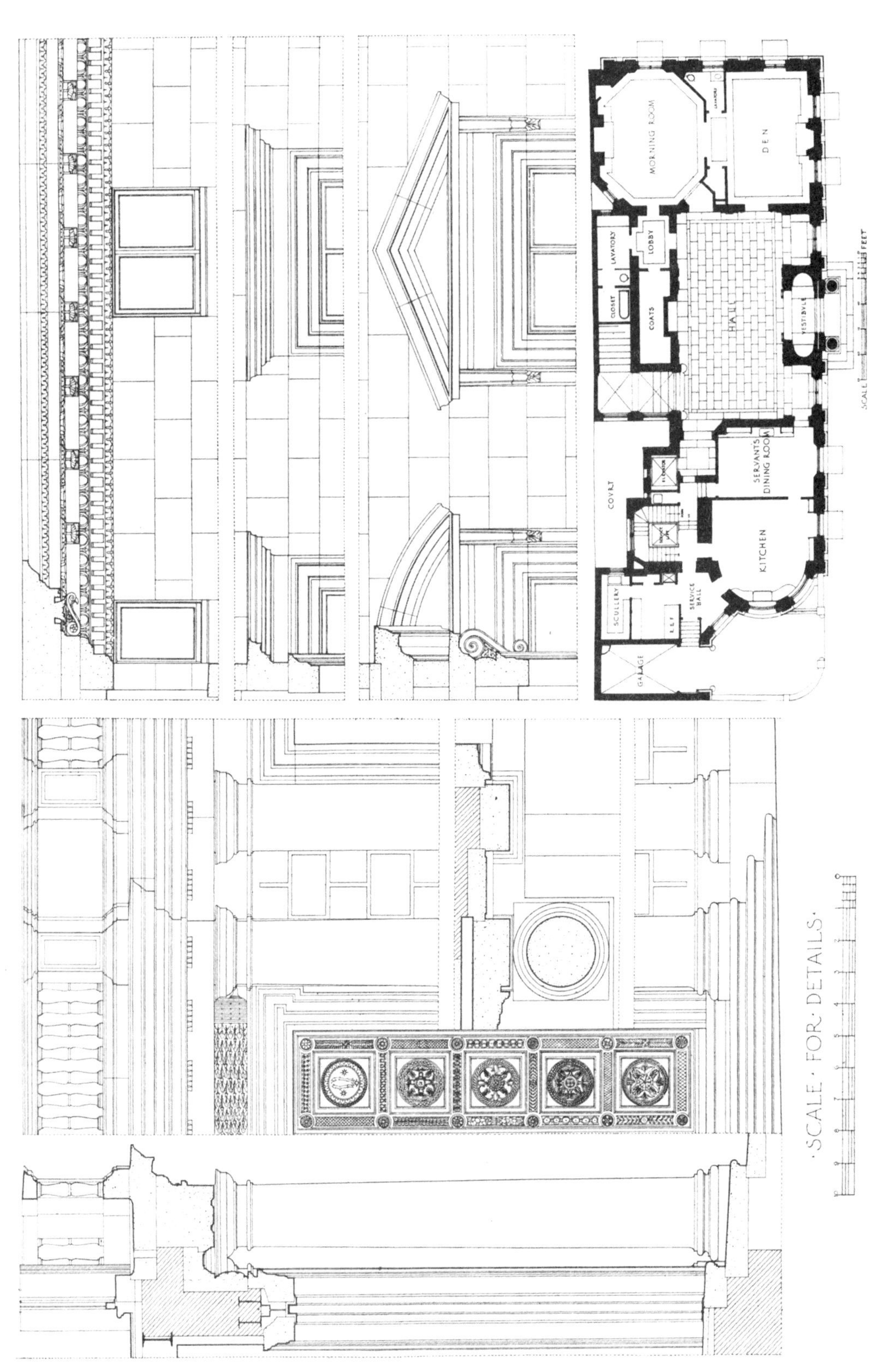
MORNING ROOM
DEN
LAVATORY
LOBBY
CLOSET
COATS
HALL
VESTIBVLE
SERVANTS DINING ROOM
COVRT
KITCHEN
SCULLERY
SERVICE HALL
GARAGE
SCALE
FEET
·SCALE · FOR · DETAILS·

外部详图和一层平面图

门厅

大学别墅俱乐部

入口正立面

新泽西普林斯顿大学　1906 年

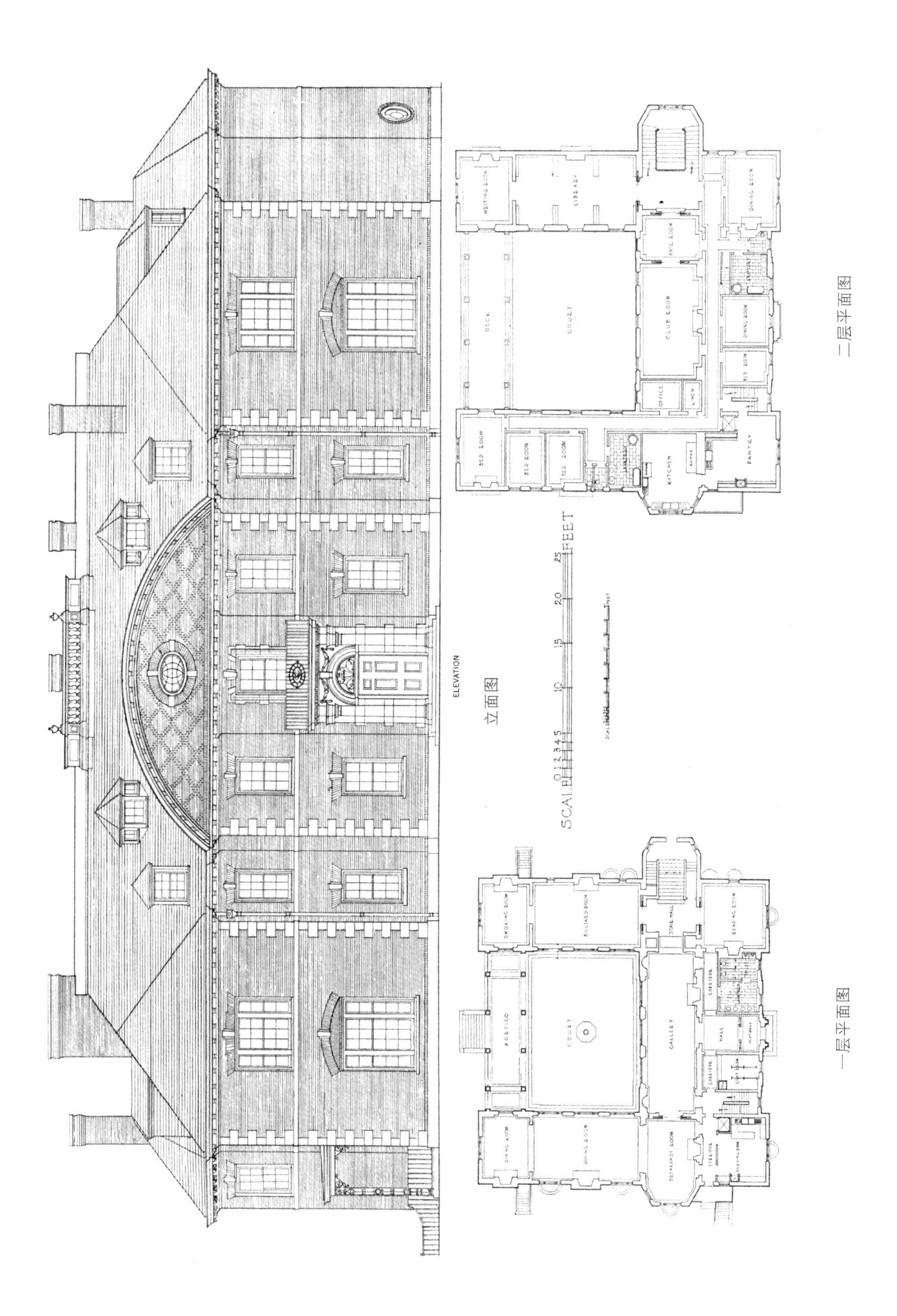

立面图

二层平面图

一层平面图

三一教堂

教堂外部

教堂内部

长岛罗斯林　1906 年

纽约国民城市银行

业务大厅

业务大厅内景

总裁办公室，1914 年

纽约　1909 年

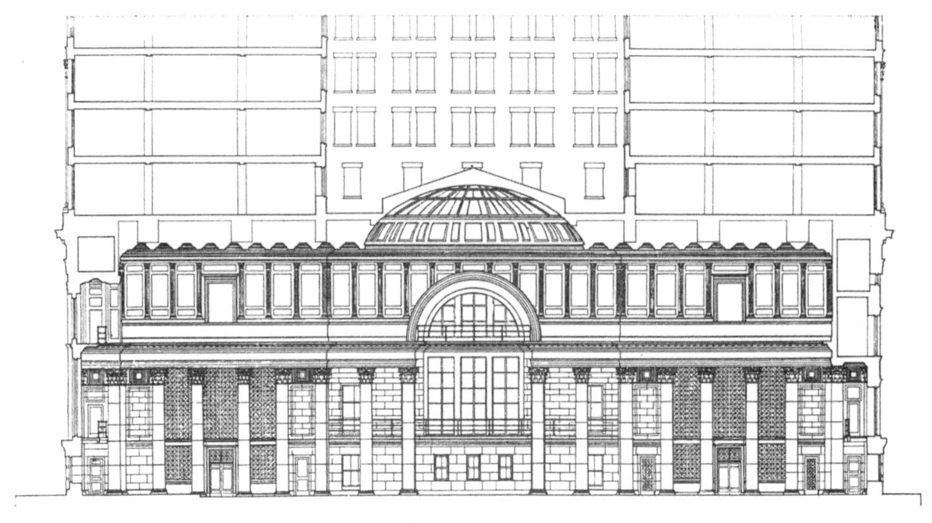

剖面图

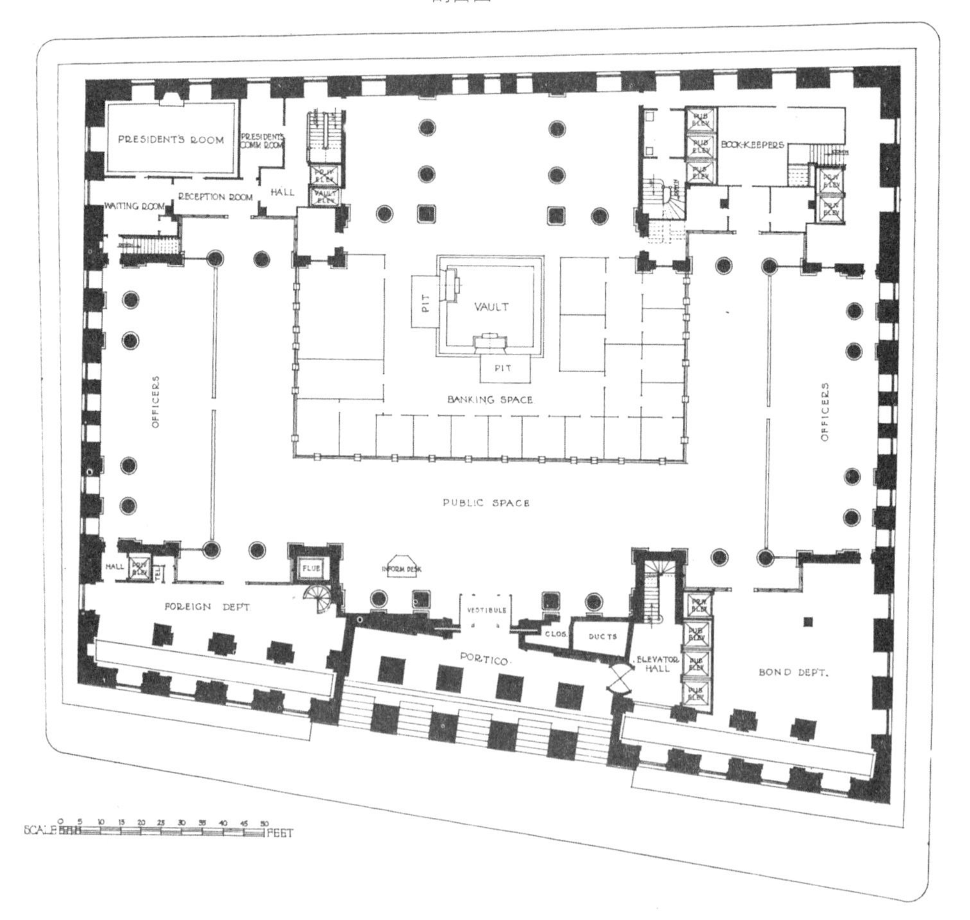
PRESIDENT'S ROOM
PRESIDENTS COMM ROOM
WAITING ROOM
RECEPTION ROOM
HALL
BOOK-KEEPERS
VAULT
PIT
PIT
BANKING SPACE
OFFICERS
OFFICERS
PUBLIC SPACE
HALL
FLUE
INFORM DESK
FOREIGN DEPT
VESTIBULE
CLOS.
DUCTS
PORTICO
ELEVATOR HALL
BOND DEPT.
SCALE 0 5 10 15 20 25 30 35 40 45 50 FEET

平面图

SECTION
THROVGH
BANKING
ROOM
SCALE 0 1 2 3 4 5 6 7 8 9 10 11 12 13 14 15 FEET

营业大厅详图

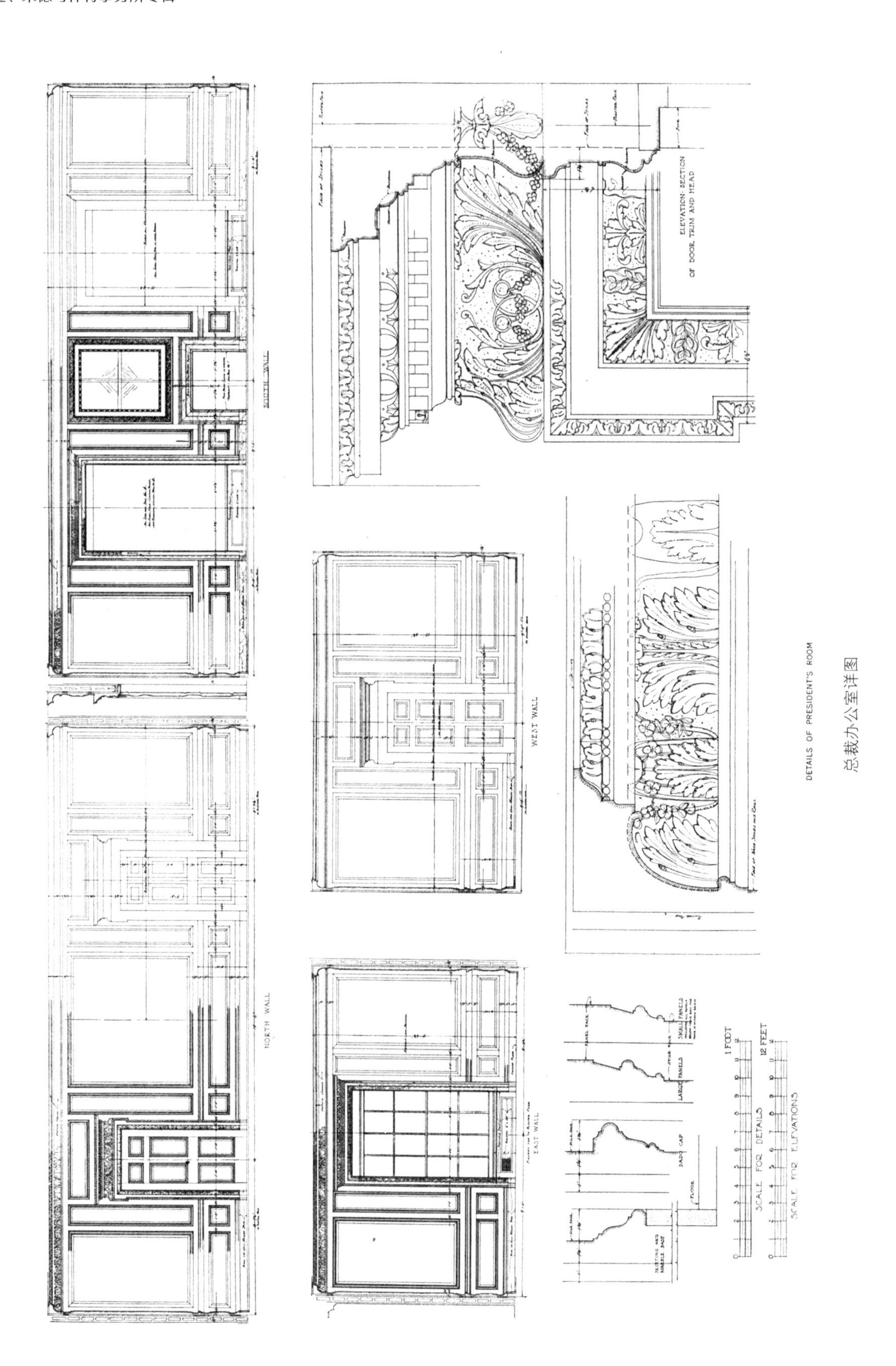

DETAILS OF PRESIDENT'S ROOM

总裁办公室详图

宾夕法尼亚火车站

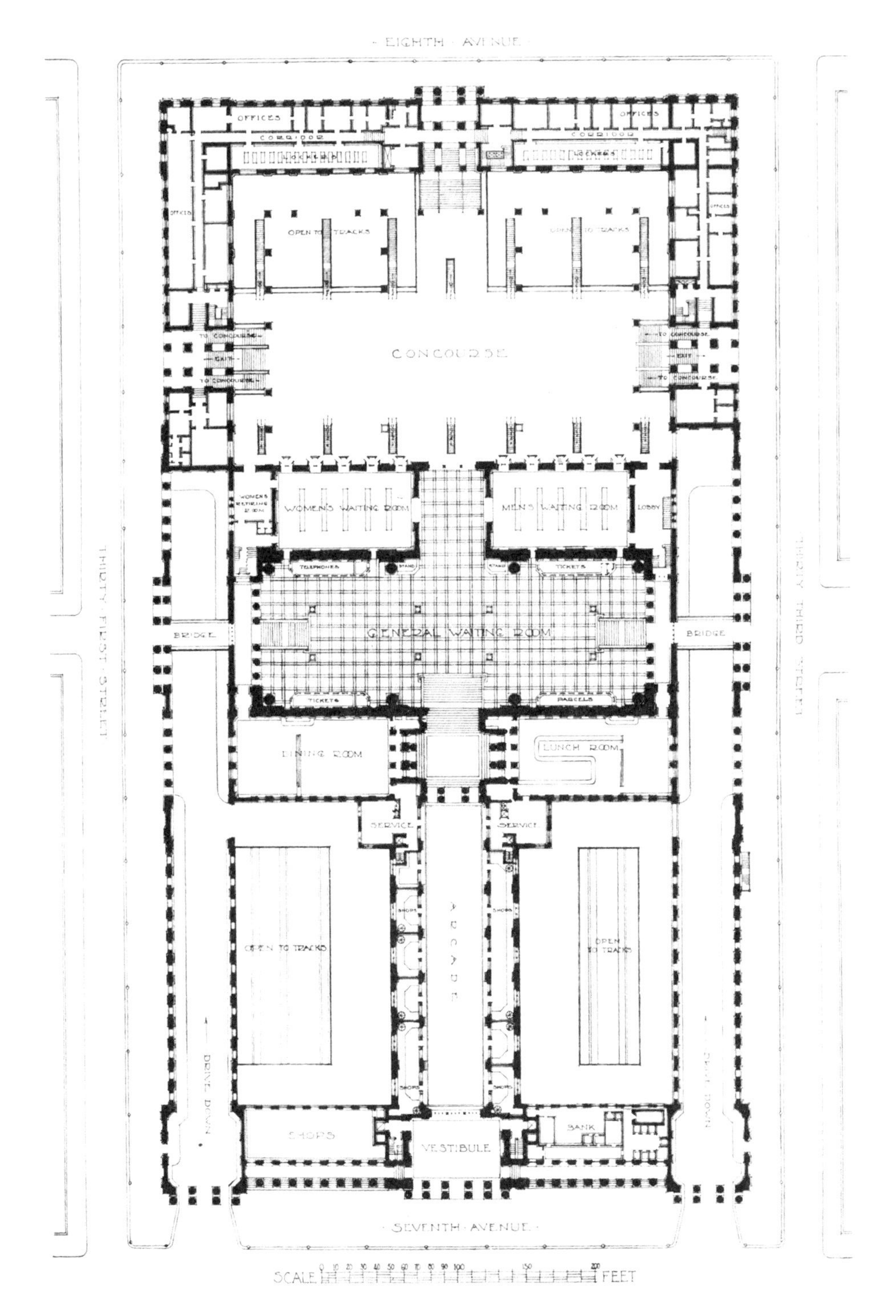

楼宇平面图

纽约　1906—1910 年

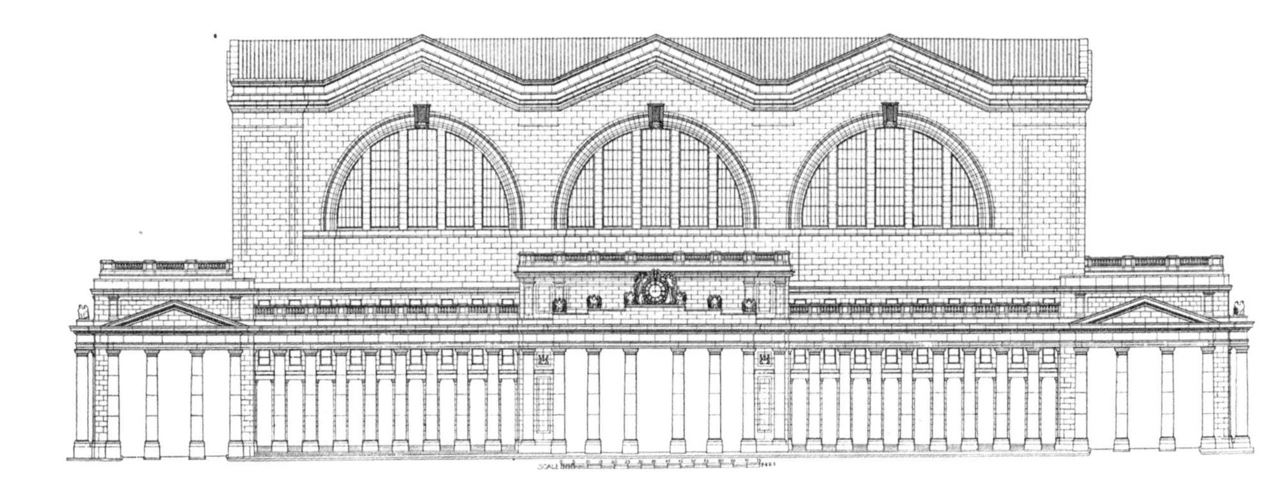

第 7 大街一侧立面图

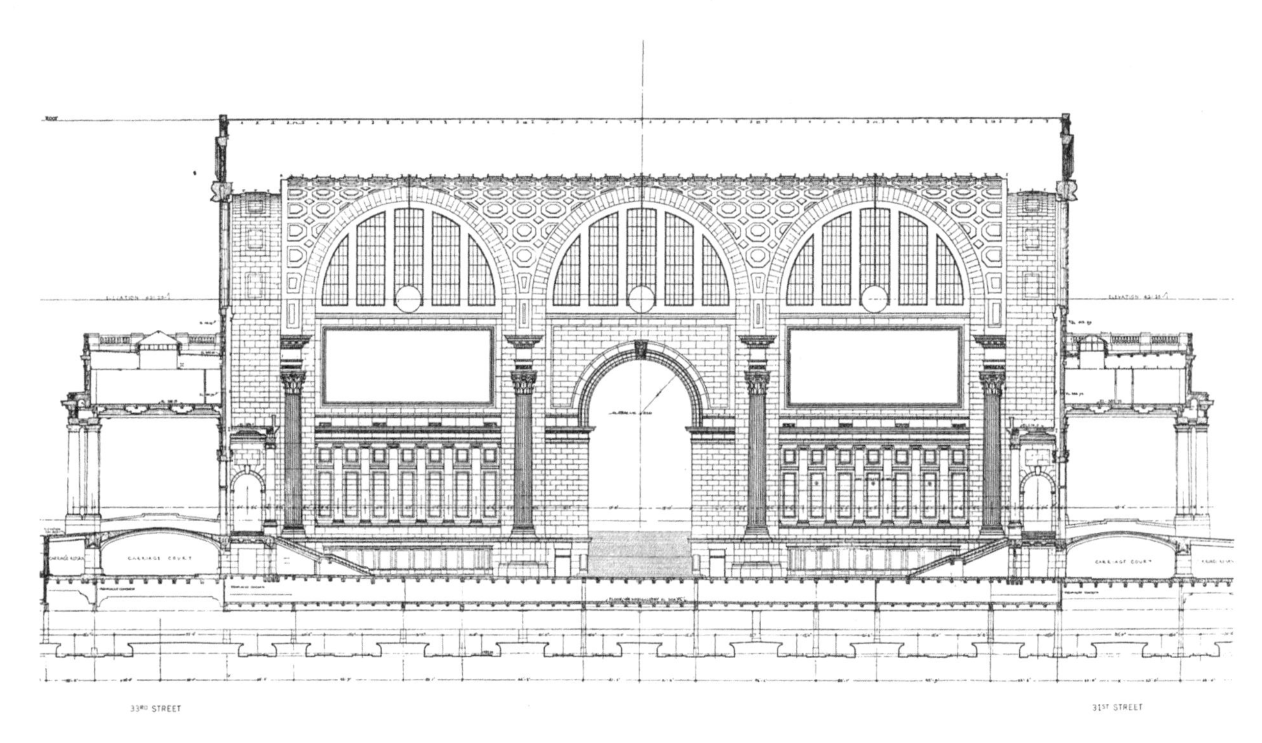

主候车厅剖面图

全景

广场

主候车厅

主候车厅细节

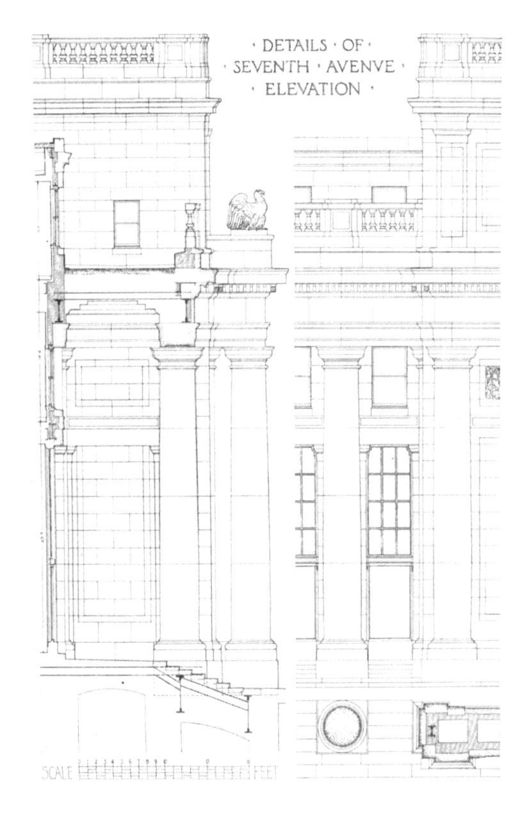

第 7 大街一侧立面详图

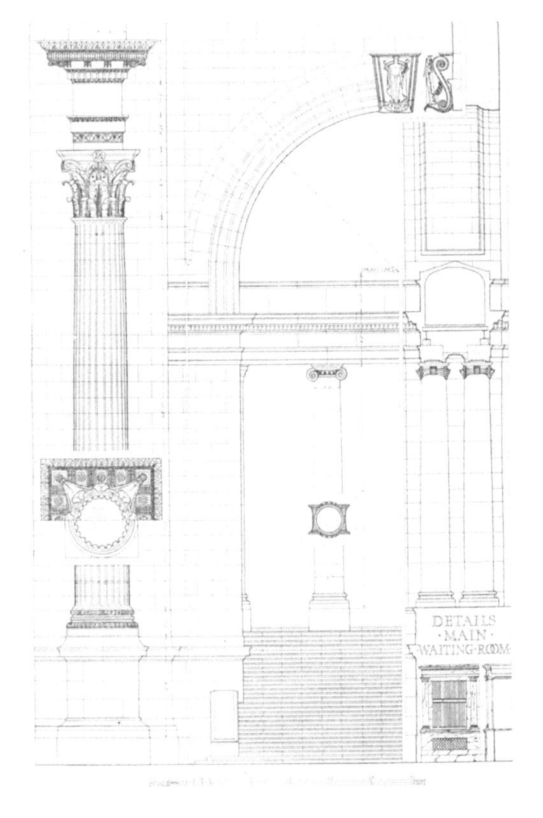

室内详图